JN261965

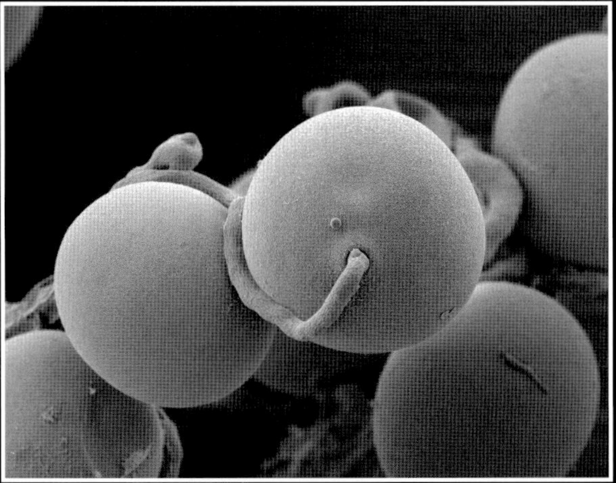

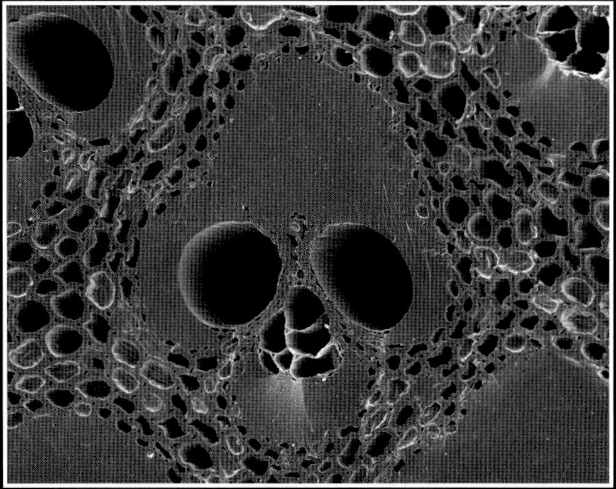

少年写真新聞社

左上：ショウジョウバエの複眼、左下：トウモロコシの花粉、右上：アワビの歯舌、右下：タケの断面

ミクロのふしぎ
電子顕微鏡で見る 1／1000mm の世界

目次

はじめに ……………………………………… 4

序章 電子顕微鏡って何だろう？ ……………………… 5
　　　　光学顕微鏡と走査電子顕微鏡 ………………… 6

第1章 植物のふしぎ ………………………………… 9
　　　　サクラのつくり …………………………… 10
　　　　タンポポの種子の旅 ……………………… 12
　　　　花粉を運ぶ ………………………………… 14
　　　　葉のつくり ………………………………… 18
　　　　茎や根のつくり …………………………… 20
　　　　養分はどこにためられるの？ …………… 22
　　　　胞子でふえる植物 ………………………… 24

第2章 動物のふしぎ ………………………………… 25
　　　　ミツバチの体のつくり …………………… 26
　　　　いろいろな目 ……………………………… 28
　　　　体のどこで聞く？ ………………………… 30

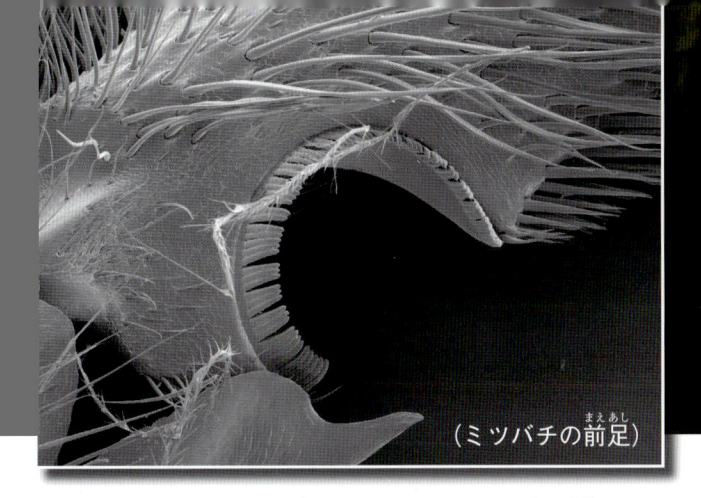

（ミツバチの前足）

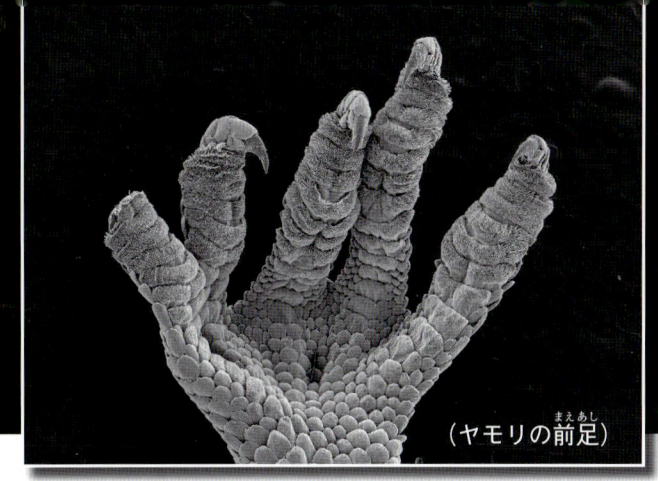

（ヤモリの前足）

　　飛ぶための工夫……………………………… 32
　　歩く・進む…………………………………… 34
　　食べる口のいろいろ………………………… 36
　　呼吸の仕組み………………………………… 38
　　体を守る……………………………………… 40
　　マウスの体のつくり………………………… 42
　　生まれる……………………………………… 44
　　輝く色のひみつ……………………………… 48

第3章　身近な物の変化……………………………… 49
　　食塩が水に溶ける…………………………… 50
　　書く・コピーする…………………………… 52
　　発酵させてつくる食品……………………… 54
　　「さびる」って？…………………………… 56

付　録　飛び出す電子顕微鏡写真…………………… 57
　　３Ｄメガネのつくり方……………………… 58

　　さくいん……………………………………… 62

はじめに

　みなさんは、顕微鏡で花粉などを観察したことはありますか？ 学校の理科の授業で観察に使っている顕微鏡は「光学顕微鏡」といいます。光とガラスのレンズを利用し、小さな物を拡大して観察します。

　私たちが見ている光は、波の性質を持っています。目に見える光（可視光）の波長は、約380nm（0.00038mm）〜770nm（0.00077mm）の範囲です。この光が、波長によって赤や青、緑、黄などの色として見えています。光学顕微鏡では、光の波長よりも小さな物は見えません。

　顕微鏡には「電子顕微鏡」という種類もあります。これは、光の代わりに電子を観察したいものに当てます。レンズは、ガラスではなく電磁石を使用しています。電子の波長は、光の波長よりもとても短いので、光学顕微鏡より小さな物を見ることができます。ただし、可視光の領域から外れるので色はついていません。

　電子顕微鏡には、2種類あります。一つは試料に電子を当ててそこから放出される電子を観察する走査電子顕微鏡で、もう一つは通りぬけた電子の影絵を観察する透過電子顕微鏡です。この本では、立体的に観察できる走査電子顕微鏡を用いて撮影したさまざまな生き物などの写真で、みなさんをミクロの世界にご案内します。

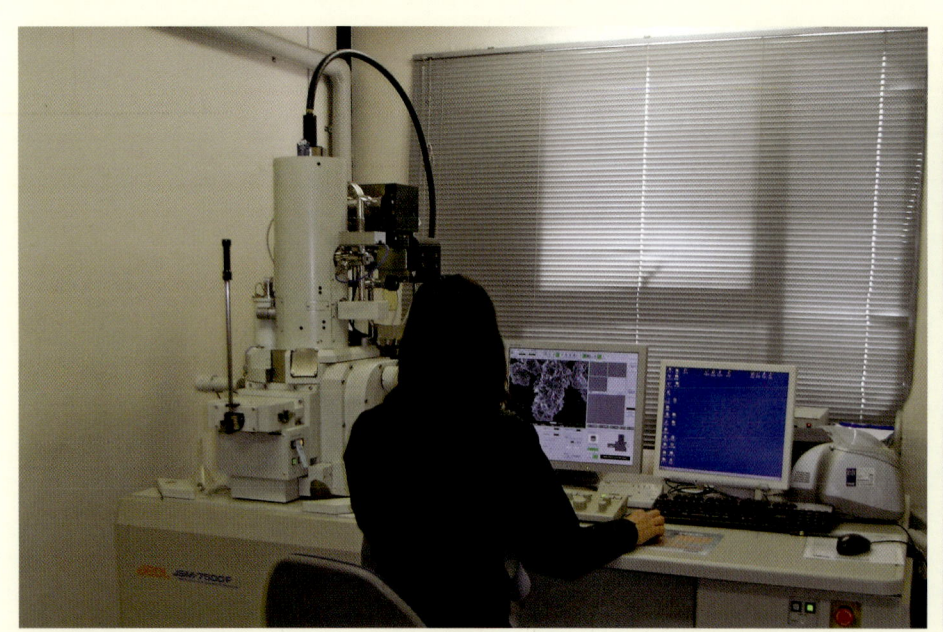

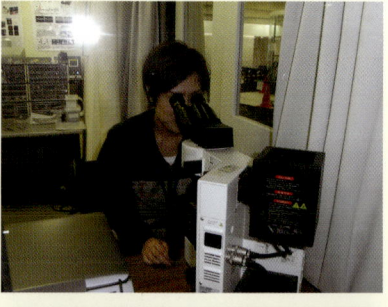

走査電子顕微鏡（左）、光学顕微鏡（右上）、透過電子顕微鏡（右下）は、大きさが異なります。

序章
電子顕微鏡って何だろう？

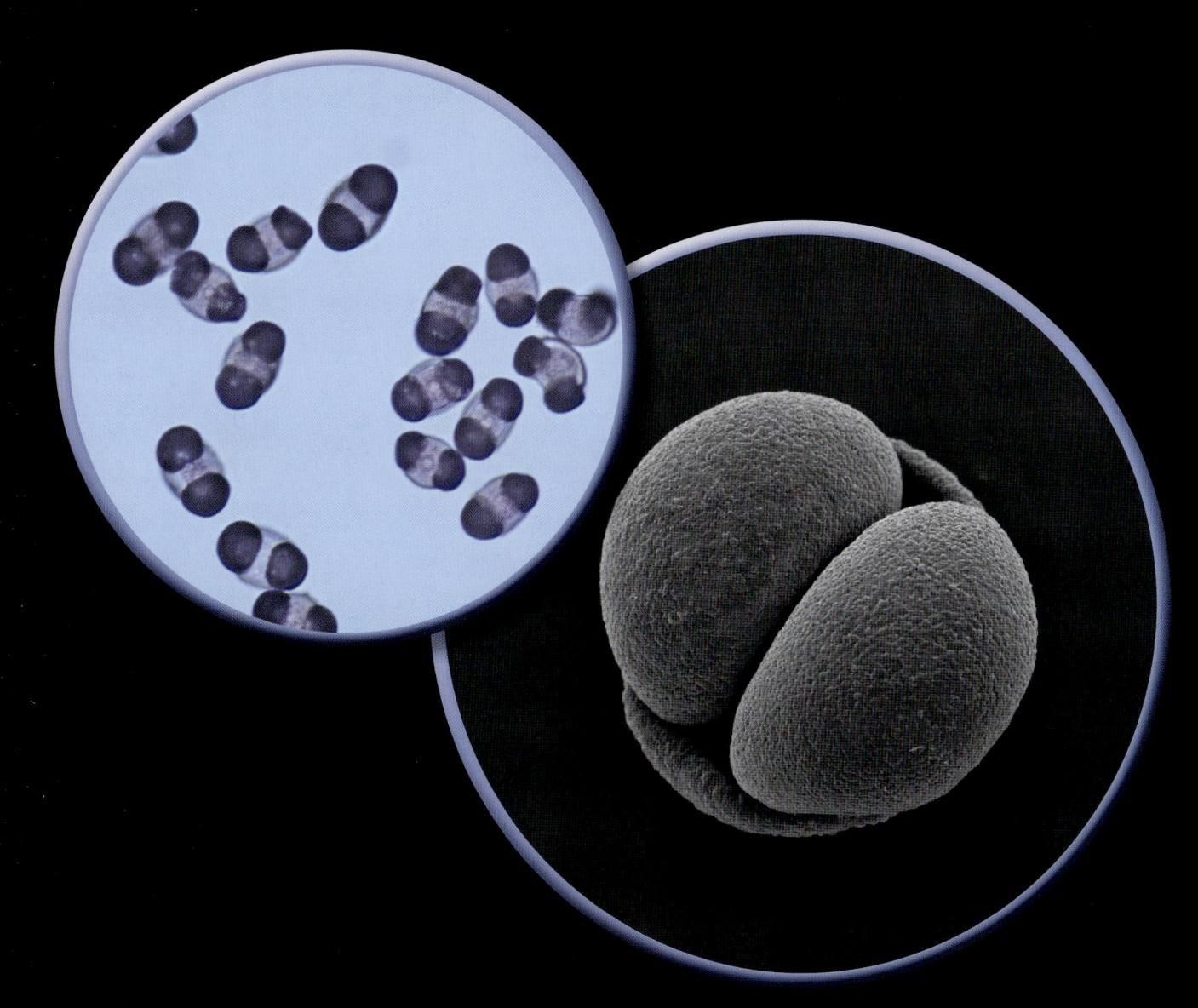

右上・光学顕微鏡で見たマツの花粉　右下・電子顕微鏡で見たマツの花粉

光学顕微鏡と走査電子顕微鏡

🔍 顕微鏡のつくりと特徴

　顕微鏡は、種類によってそれぞれ長所と短所があります。

　光学顕微鏡は、色がわかるなどの長所がありますが、あまり高倍率に拡大できないという短所もあります。

　電子顕微鏡は、100万倍に拡大することができ、1nmの物まで見えますが、画像が白黒で色がわからない、電子が空気やちりにぶつからないように内部を真空にしなければならないなどの短所もあります。

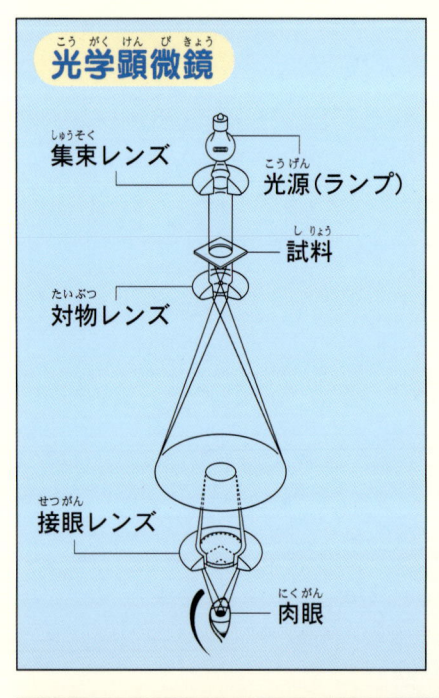

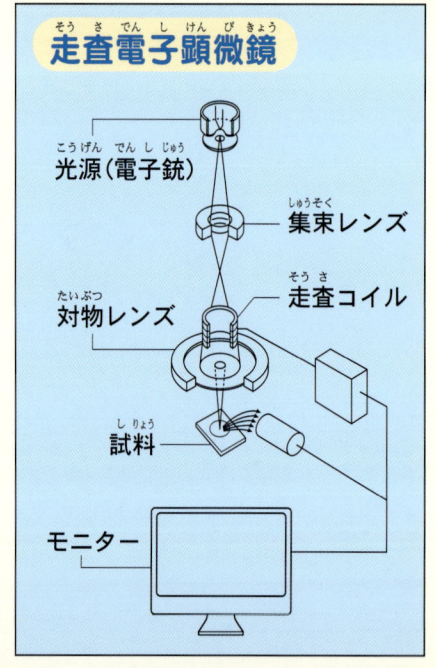

　光学顕微鏡と走査電子顕微鏡のつくりを比べてみましょう。光学顕微鏡は観察する試料に光を当てて、レンズで拡大して見るのに対して、走査電子顕微鏡は試料に電子線を当てて、放出された電子などの情報から画像を表示します。

　光学顕微鏡と走査電子顕微鏡の違いを、下の表にまとめました。

光学顕微鏡
- 集束レンズ
- 光源(ランプ)
- 試料
- 対物レンズ
- 接眼レンズ
- 肉眼

走査電子顕微鏡
- 光源(電子銃)
- 集束レンズ
- 対物レンズ
- 走査コイル
- 試料
- モニター

特徴＼種類	光学顕微鏡	走査電子顕微鏡
光源	光	電子
倍率	1000倍	100万倍
焦点深度 (→P.7)	浅い	深い
色彩	ある	ない(白黒)
観察像	平面的	立体的

序章 電子顕微鏡って何だろう？

🔍 見え方の違い

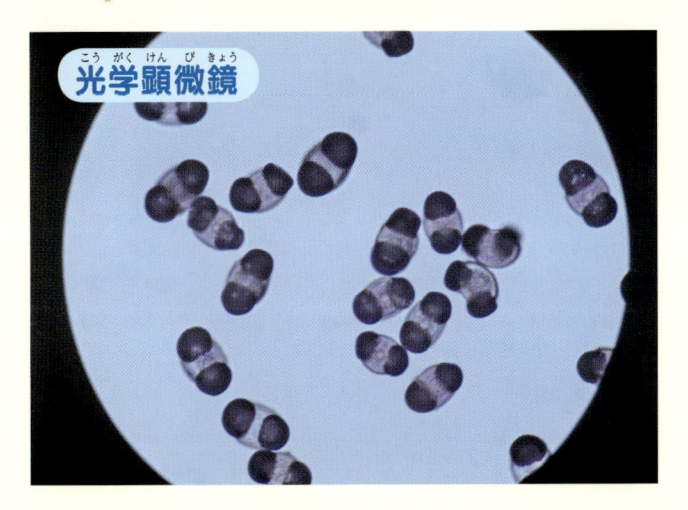

光学顕微鏡

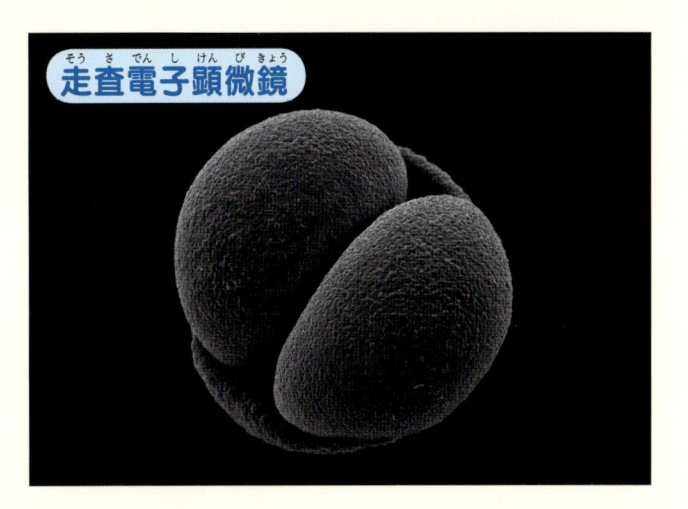

走査電子顕微鏡

　マツの花粉を例にして、光学顕微鏡と走査電子顕微鏡の画像を比べてみましょう。
　試料にピントを合わせたとき、試料の前後で鮮明に見える範囲を焦点深度といいます。光学顕微鏡の焦点深度は、倍率が高くなるほど浅くなり、ピントが合う範囲が狭くなって平面的に見えてしまいます。一方、走査電子顕微鏡は、色は見えませんが、より焦点深度が深く、立体的な画像を得ることができます。

🔍 長さの単位

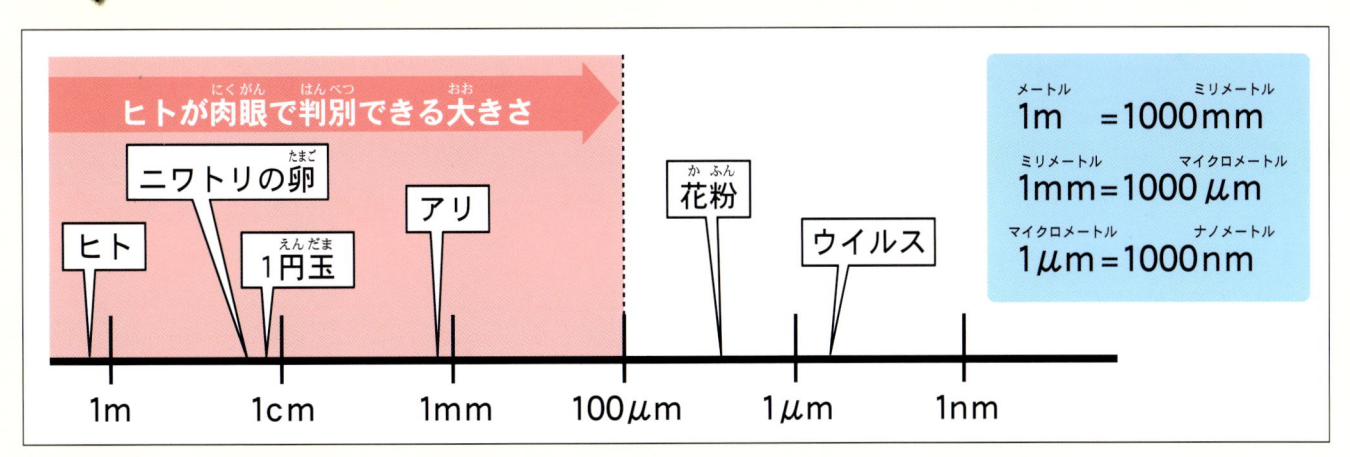

ヒトが肉眼で判別できる大きさ

ヒト／ニワトリの卵／1円玉／アリ／花粉／ウイルス

1m　1cm　1mm　100μm　1μm　1nm

1m = 1000mm
1mm = 1000μm
1μm = 1000nm

　みなさんは小学校で、長さの単位として、m（メートル）、cm（センチメートル）、mm（ミリメートル）を学習したと思います。電子顕微鏡は、さらに小さい単位のμm（マイクロメートル）やnm（ナノメートル）の世界を見ることができます。ヒトの目が見分けられる2点間の幅（分解能）は100μm（0.1mm）までです。

7

走査電子顕微鏡写真の見方

シジミチョウのりん粉を撮影した走査電子顕微鏡写真を例にして説明します。電子顕微鏡の観察倍率は、十数倍から段階的に拡大していくことができます。撮影した写真には、自動的に観察条件が記録されます。その情報を見れば、観察対象の大きさが大体わかります。

なお、走査電子顕微鏡で撮影した写真には、色がついていません。本書では、わかりやすく見せるために、写真の一部に色をつけています。これは実際の色とは異なるので、注意してください。

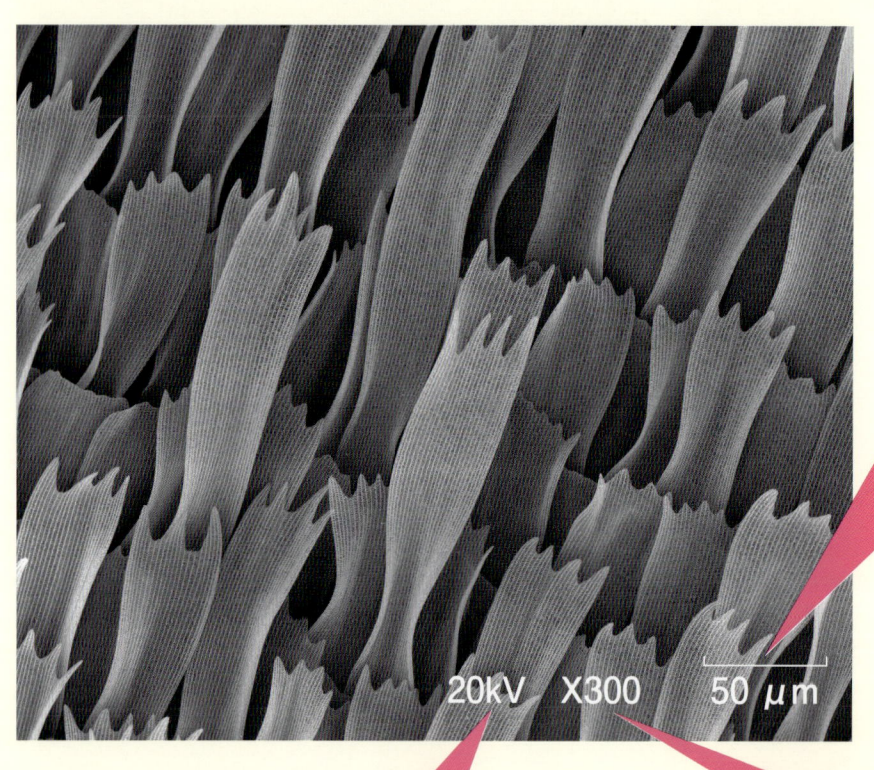

20kV　X300　50μm

スケールバー

白い線は「スケールバー」といい、試料のサイズを測定する目安になります。線の下の数字はスケールバーの長さを示しています。この写真では線が50μmを表しているので、「りん粉の幅は50μmより少し狭い」ことがわかります。

加速電圧

光源から放出される電子線は力が弱いため、電子に電圧をかけて加速させ、試料に到達させます。これを「加速電圧」といいます。この写真は、20kVの加速電圧をかけて撮影しています。

撮影倍率

拡大した倍率を表します。この写真では、300倍で写真を撮影したことを示しています。ただし、観察している画面の大きさや印刷した写真の大きさを示しているわけではないので注意が必要です。

第1章
植物のふしぎ

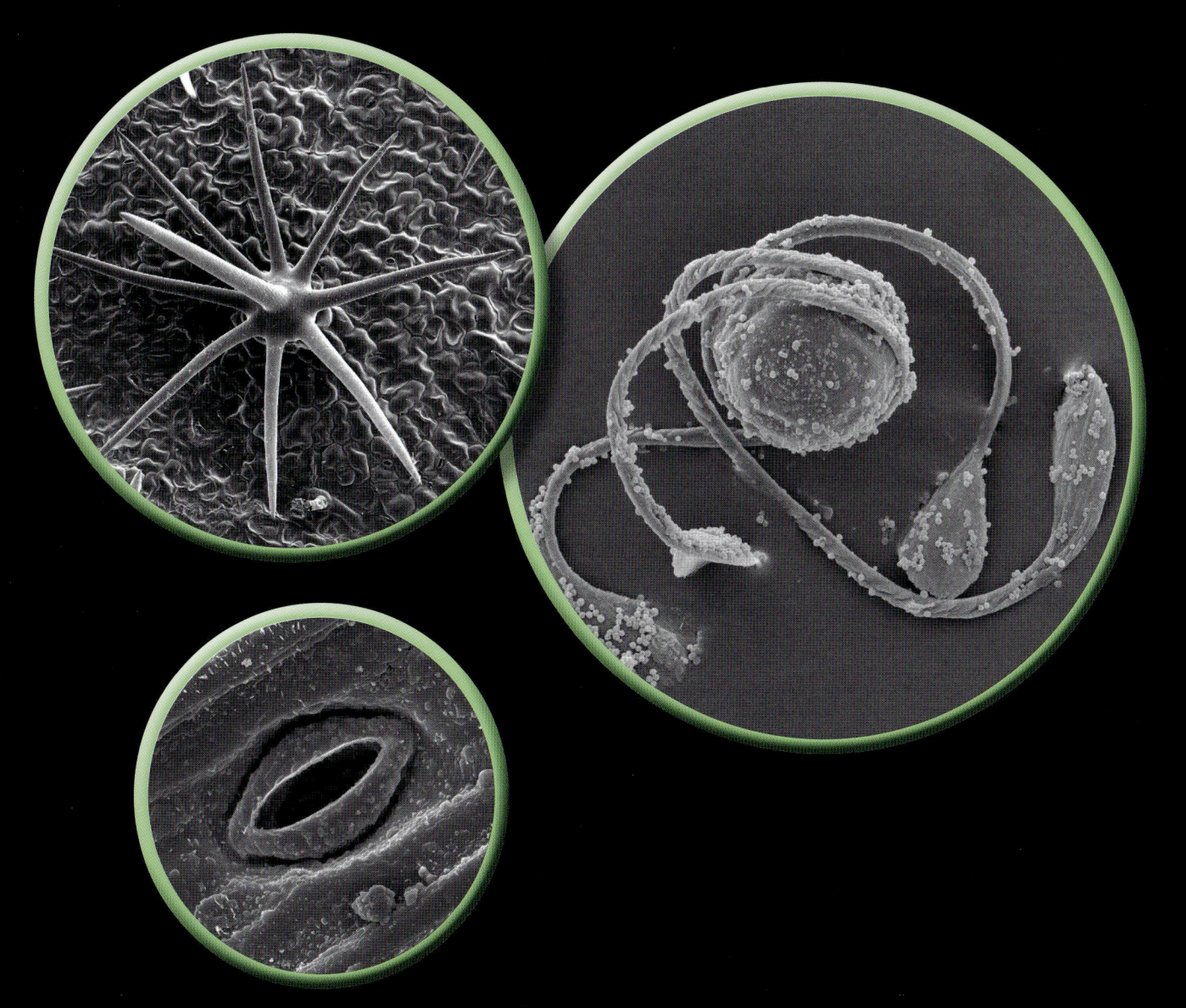

左上：ナスの葉のとげ　左下：スイセンの葉の気孔　右上：ツクシの胞子

サクラのつくり

種子植物は主に葉、茎、根からなります。花は子孫を残すための種子をつくる重要な働きをします。サクラは、花粉を昆虫が運ぶことで受粉する「虫媒花」です。ここでは、花と葉、茎（枝や幹）を見てみましょう。

🔍 花のつくり

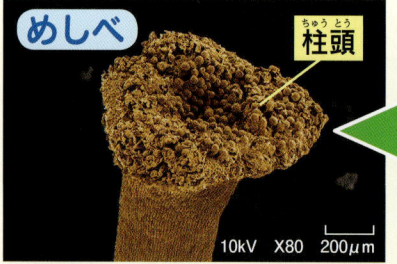

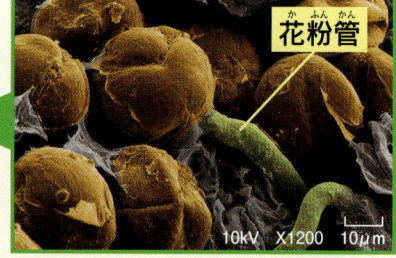

柱頭に受粉した花粉と、花粉管を伸ばし受精する様子。

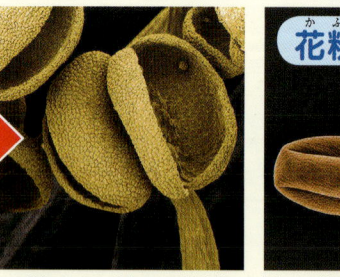

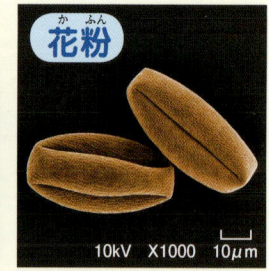

花粉が入ったやくが開き、中の花粉は虫に運ばれます。

花弁（花びら）を取り除いたサクラのおしべとめしべ、および子房。

サクラの花は、子房の根元近くの壁から蜜を分泌します。蜜を求める昆虫がおしべに触れて体に花粉がつき、次の花を訪れたときにめしべに花粉がつきます。これを受粉といいます。受粉した花粉が花粉管を伸ばして受精し、子房が果実となって中に種子ができます。

第1章 植物のふしぎ

🔍 葉のつくり

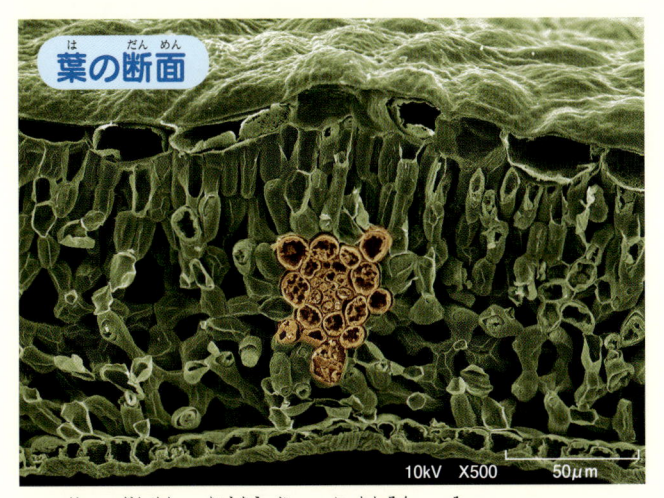

葉の断面

10kV X500 50μm

葉の断面の中央部に維管束が見られます。

葉脈の断面

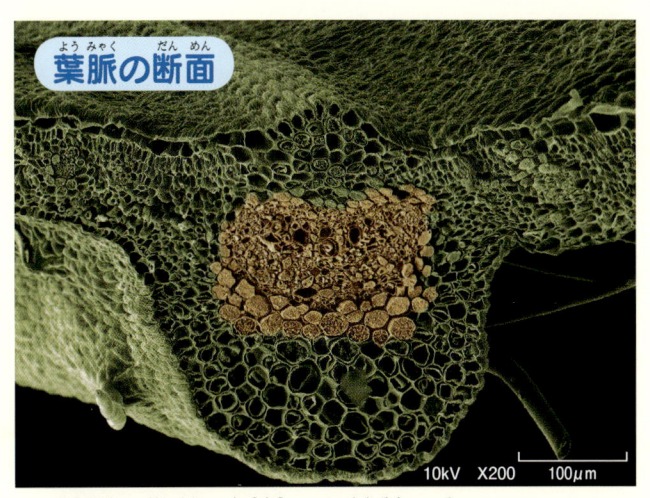

10kV X200 100μm

葉脈の断面の中央に維管束が見られます。

葉の中の葉緑体は、日光のエネルギーを使い、気孔から取り入れた二酸化炭素と根から吸い上げた水で、でんぷんと酸素をつくります。これを光合成といいます。

葉には、水分の通り道である道管と養分の通り道である師管が通っています。道管と師管を合わせて「維管束」といい、茎や根にも通っていて、植物の全身に水分や養分を運びます。葉に見られる葉脈の中にも維管束が通っています。また、葉脈は、葉が日光を十分取り込めるようにする骨格の役目も果たしています。

🔍 茎のつくり

縦に切った断面

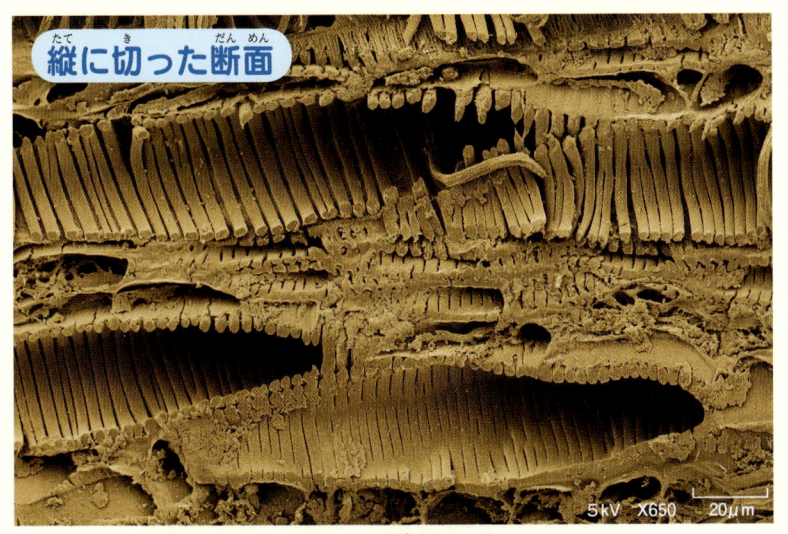

5kV X650 20μm

縦に切った茎にも道管が見られます。

茎（枝や幹）にも、水分や養分の通り道となる維管束があります。茎の維管束は中心から外側に向かって成長します。

成長の度合いは季節によって異なり、暖かい季節には成長が良く、寒い季節には成長が鈍ります。この季節による違いが、木の幹の年輪となります。

11

タンポポの種子の旅

集合花

冠毛（綿毛）

タンポポの花は小さな花が集まってできていて、種子は冠毛（綿毛）を持ち、風に乗って飛びます。

　植物は、動物とは異なり、自分で移動することはできませんが、種子を遠くに飛ばすための知恵を持っています。タンポポは、風で種子を飛ばします。ヨシやガマもタンポポと同様に風で種子を飛ばします。どのように種子を飛ばすのか、その仕組みを見てみましょう。

　タンポポの花は、片側に寄った花弁と冠毛（綿毛）、中に種子が入った子房からなる小さな花（小花）が集まり、一つの花をつくっています。これを集合花といいます。子房の上側に生えている冠毛は綿毛とも呼ばれます。

小花

花弁　めしべ　おしべ　冠毛　子房（種子）

10kV　X12　1mm

花弁と子房、冠毛からなります。

第1章 植物のふしぎ

開花期

開花終了後

冠毛

子房

開花期のタンポポは、小さい花を構成する花弁と長い冠毛や子房が集まってできています。

開花が終わると、冠毛と子房をつなぐ部分が伸びて、種子が風に乗って飛べる形となります。また、種子を包む子房の表面にある鋭い突起によって、飛んで着地したところに引っかかるようになっています。

種子が成長すると、冠毛と子房の間が長く伸び、子房の表面がギザギザになります。

花粉を運ぶ

🔍 風で飛ぶ花粉

マツ
雌花
雄花

マツの花は雄花と雌花が別々に咲きます。

花粉には空気をためる気のうが2つあります。

マツは、胚珠がむき出しになっており、「裸子植物」と呼ばれます。裸子植物には、アカマツやクロマツ、スギ、ヒノキなどのほか、イチョウやソテツも含まれます。マツは、一本の木に雄花と雌花をつけます。
　裸子植物の花粉は、風により大量に飛散します。このような花を風媒花といいます。ススキやイネ、ムギ、トウモロコシなども風媒花です。多くの風媒花は、あまり目立ちません。これらの花粉には、発芽孔という穴があり、ここから花粉管を伸ばします。

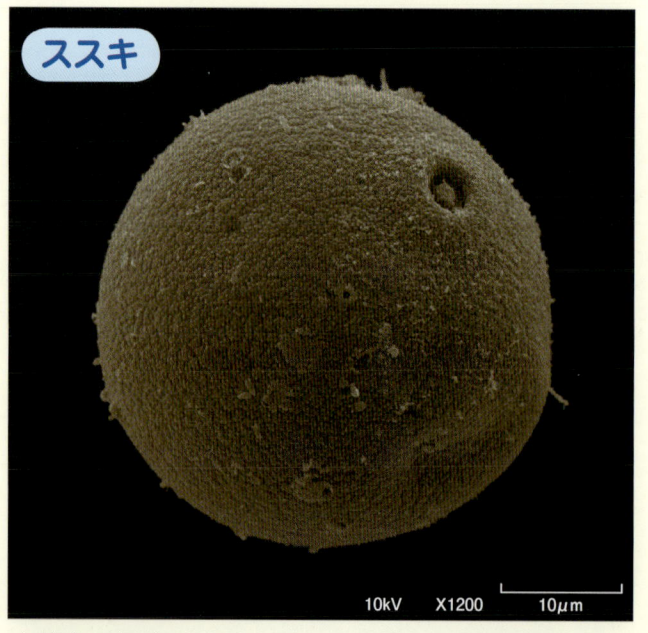

ススキ

球状の花粉にあるくぼんだ部分が発芽孔です。

第1章 植物のふしぎ

🔍 虫によって運ばれる花粉

ヒマワリ

キク科の仲間で、小さな花が集まっています。

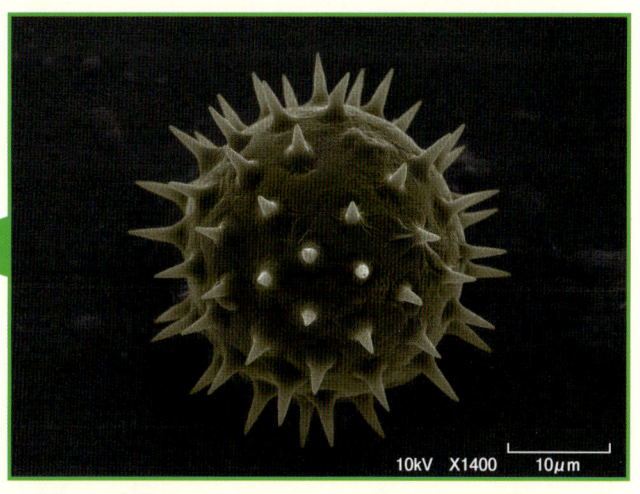

花粉は、球状でとげのような出っぱりを持ちます。

ブラシノキ

花はブラシのような形です。

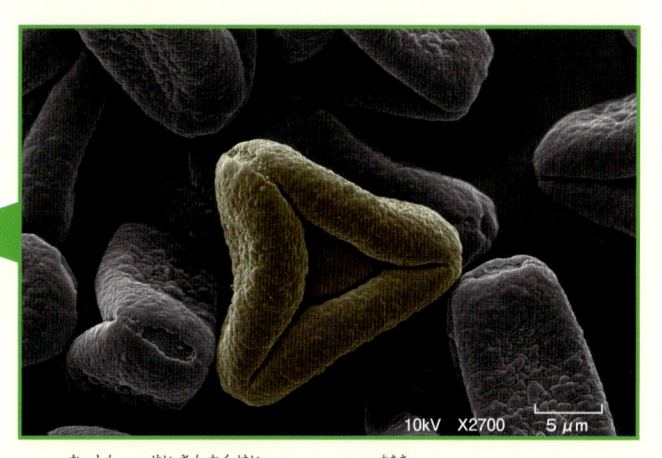

花粉は正三角形のような形をしています。

タンポポ

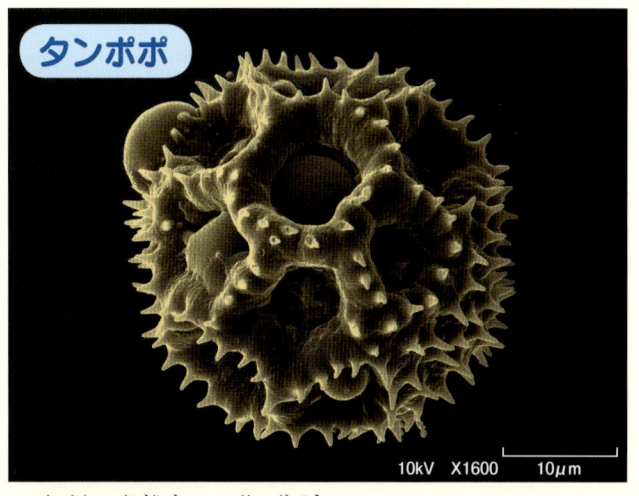

花粉は球状で、発芽孔がたくさんあります。

胚珠が子房に包まれた被子植物の多くは、花粉が昆虫などによって運ばれる虫媒花です。虫媒花は、鮮やかな花の色や匂い、蜜などでチョウやハチなどの昆虫を呼び寄せます。これらの花粉はいろいろな形で、ヒマワリやタンポポの花粉は球状でとげのような出っぱりを持つほか、ラクビーボール状の花粉のナノハナ、長方形のホウセンカ、おにぎり状のスミレなどがあります。

15

🔍 伸びる花粉管

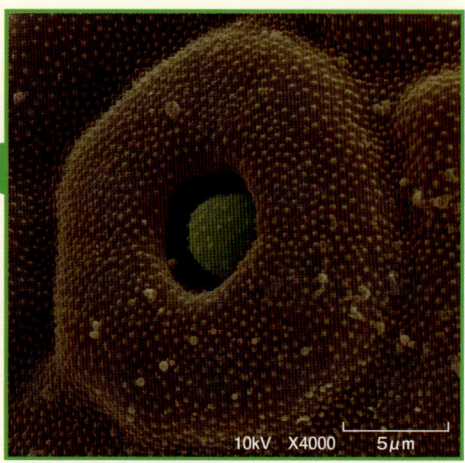

雄花は上の方に咲きます。

トウモロコシの花粉にある発芽孔。

　トウモロコシは、一株に雄花と雌花をつけます。その花粉は球形で、1個の丸い穴（発芽孔）を持ちます。この花粉の形は、イネ科植物のイネやススキなどにも見られ、花粉は風で運ばれます。

　雄花が先に開花してから、遅れてひげのようなめしべが集まった雌花ができます。雄花は稲穂のような形で枝に下向きに連なって開花するため、風で花粉が飛びやすくなっています。雌花の毛には粘りけがあり、花粉がつきやすくなっています。

　飛んできた花粉が雌花に受粉すると、発芽孔から花粉管が伸び、受精が行われます。雌花の一本一本がトウモロコシの実一粒ずつとつながっており、受精すると実がふくらみます。

ひげのようになっています。

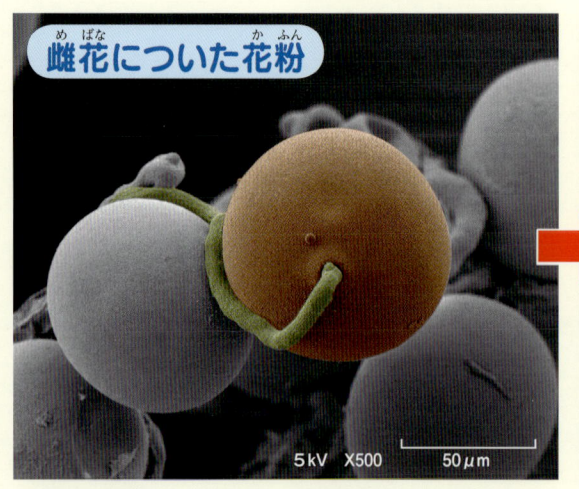

花粉が雌花につくと、花粉管が伸びます。

受精が完了した花粉。

第1章 植物のふしぎ

🔍 花粉症の原因

スギの木から花粉が飛び散っている様子。

風媒花の花粉は、多くは球形で、いっせいに大量の花粉を飛ばします。この花粉がヒトの目や鼻から入り、アレルギー性結膜炎やアレルギー性鼻炎を起こす病気を「花粉症」といいます。

花粉症の原因は、春になると全国的に飛散するスギの花粉が代表的です。ヒノキやシラカバなども原因となります。夏から秋には、ブタクサ、ヨモギなどの花粉が全国的に問題となっています。

スギ

スギの雄花と花粉。

ブタクサ

ブタクサの雄花と花粉。

葉のつくり

🔍 光合成を行う葉

サクラ

葉の裏

サクラの葉の気孔はくちびるのような形をしており、葉の表より裏に多く見られます。

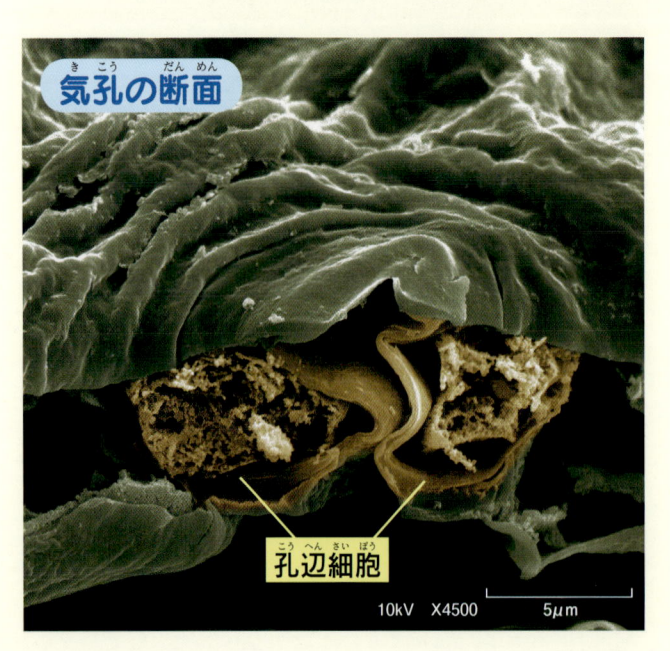

気孔の断面

孔辺細胞

　葉は、日光を受けて光合成を行い、二酸化炭素と水からでんぷんと酸素をつくります。葉の表面には、二酸化炭素や酸素、水蒸気の通り道となる気孔があります。気孔を通して二酸化炭素を取り入れ、酸素を出します。また、根で吸い上げられた水は、水蒸気となり気孔から蒸散します。

　気孔は、通常は2個の孔辺細胞からできていて、その動きで気孔の穴の大きさを調節し、気体や水分の量を調整します。

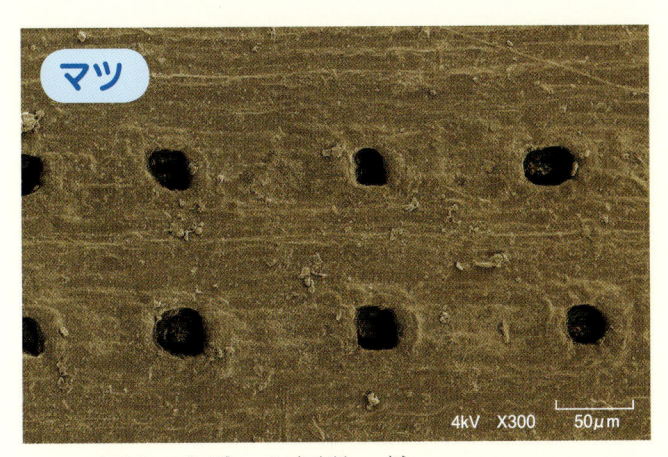

第1章 植物のふしぎ

マツ
四角い気孔が一直線に並んでいます。

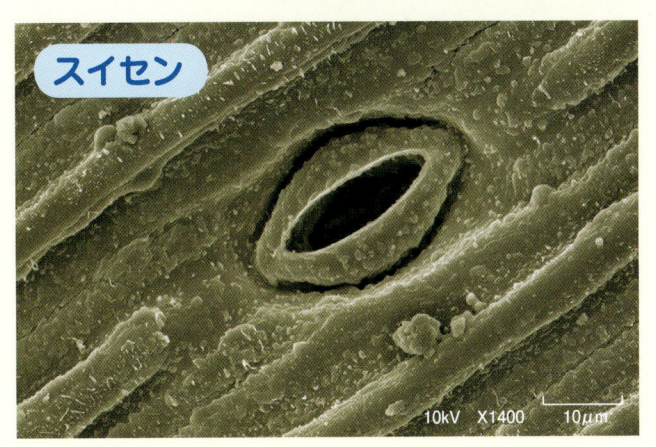

スイセン
気孔はくちびるに似た形をしています。

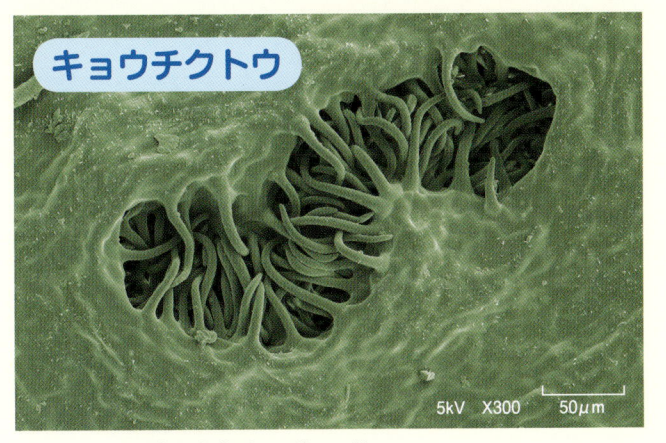

キョウチクトウ
気孔の周辺に毛が生えています。

気孔にはさまざまな形があります。サクラやスイセンはくちびる形、マツは四角い形、ソテツは丸い形、キョウチクトウは気孔の入り口が毛で覆われています。
　気孔は、多くの植物では不規則に並んでいますが、マツなどの単子葉植物では一直線に並んでいるものもあります。

🔍 葉に生えている毛

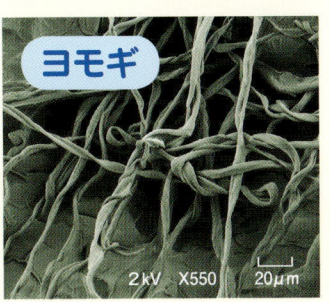

ナス
植物によって生える毛の形は違います。

グミ

ヨモギ

　葉には毛のようなものが生えています。ナスなどの星状毛やグミなどのうろこ状、ヨモギやキウイなどの糸状、ほかにもいろいろな形の毛が見られます。
　これらの毛は、外敵から葉を守る、水が入るのを防ぐ、温度を保つなどの役目を持つといわれています。

茎や根のつくり

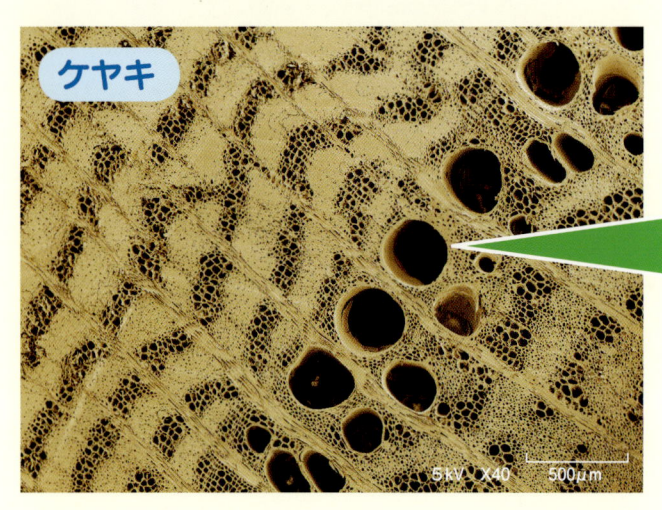

🔍 茎を通る維管束

ケヤキ

ケヤキの木を輪切りにして、電子顕微鏡で観察すると、大小の穴が見られます。これは、根から吸い上げた水が通る道管と、葉でつくられた養分が通る師管です。

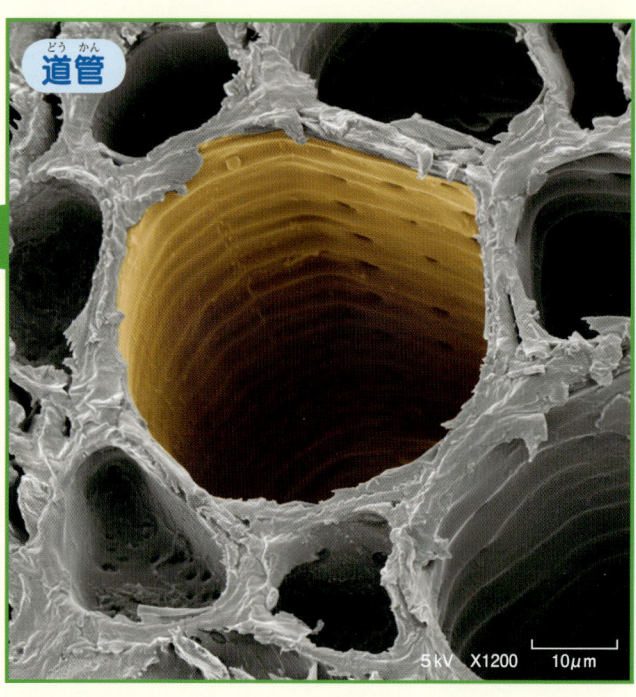

道管

道管の壁には、リング状の構造が観察されます。

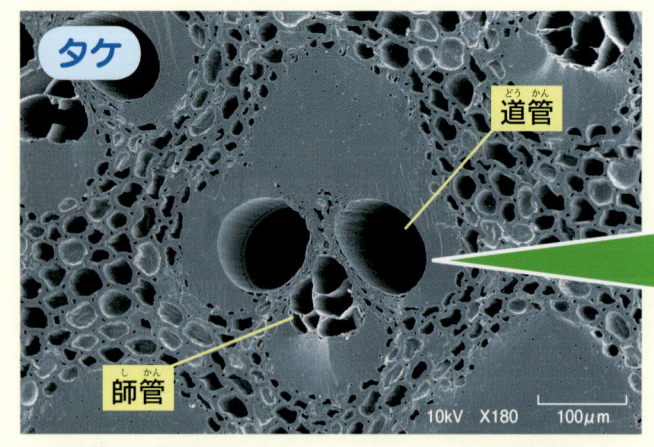

タケ

竹炭の断面に見られるタケの維管束は、ドクロのような形をしています。タケは、樹木とは異なり、内部が中空で、年輪をつくりません。

道管

道管は目が細かいざるのようなつくりです。

第1章 植物のふしぎ

根のつくり

ヒヤシンス

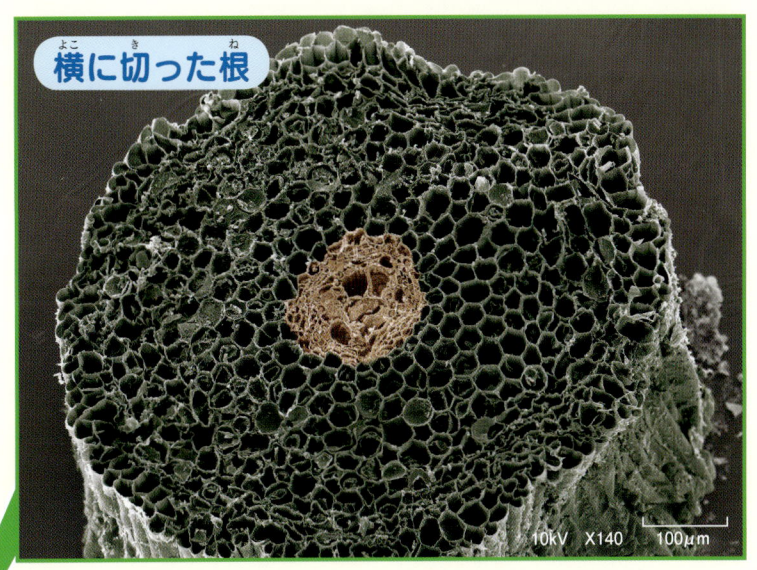

横に切った根

中心に、道管と師管が集まった維管束が観察されます。

縦に切った根

縦断面の中心にリング構造の道管が2本観察できます。

　根は、ふつう地中に伸びて、地上の茎を支え、地中から水分と養分などを取り込みます。

　ヒヤシンスの根を横に切った断面を拡大すると、根の中心部に水や養分の通り道となる維管束が観察できます。維管束の周辺はスポンジ状の細胞で埋め尽くされています。道管には多くの部分でリング状やコイル状の構造が見られます。縦に切った断面を拡大すると、中心部にリング状の輪の断面が観察されることから、道管が通っていることがわかります。

養分はどこにためられるの？

🔍 ジャガイモのいもは根？ 茎？

いもは、ヨウ素液で青紫色に染まります。

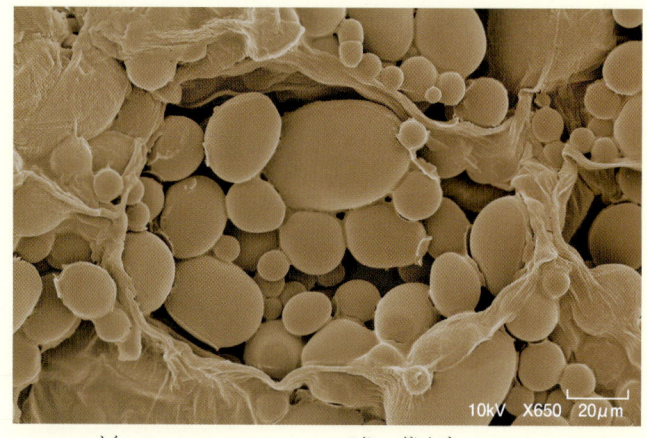

いもに含まれるでんぷんの粒は大小さまざまです。

ジャガイモから茎と根が生え、地下茎の先がふくらんで、小さいいもができました。

　植物の光合成によってつくられたでんぷんは、茎の師管を通ってさまざまな場所にたくわえられます。ジャガイモのいもは、地下に伸びた茎（地下茎）に養分をたくわえて大きくなったものです。ジャガイモのいもにでんぷんが含まれることは、ヨウ素液で青紫色になることで確かめられます。
　ほかに、根に養分をたくわえるサツマイモやダイコン、ニンジンなどがあります。

第1章 植物のふしぎ

🔍 いろいろな所に養分をたくわえる

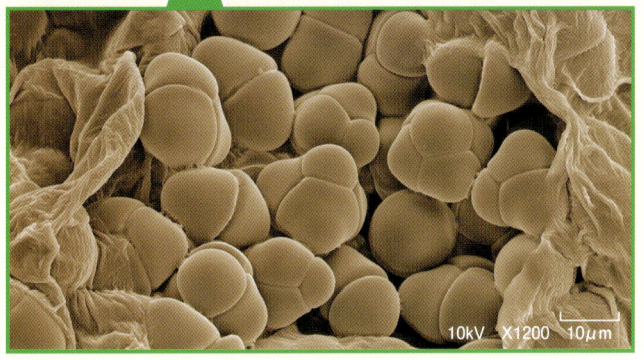

サツマイモ（根）

いくつかのでんぷんの粒がくっついています。

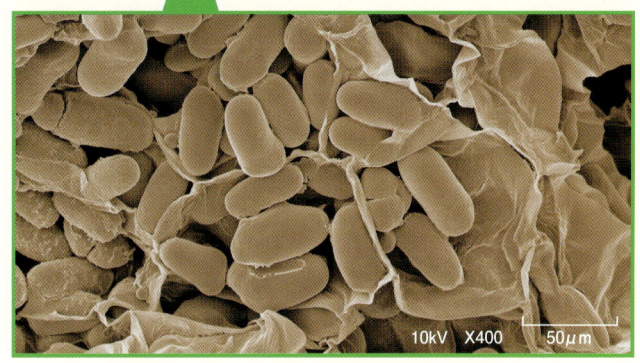

レンコン（ハスの地下茎）

細長いでんぷんの粒があります。

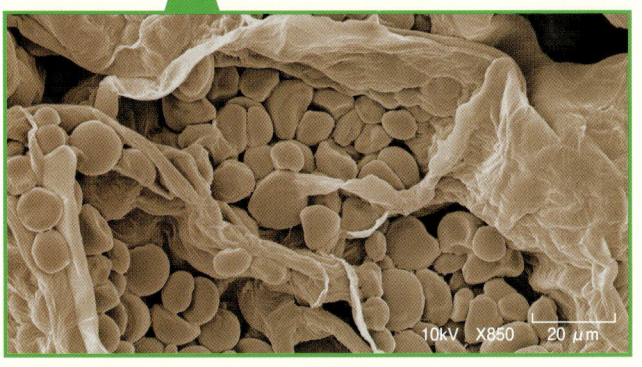

カボチャ

小さいでんぷんの粒があります。

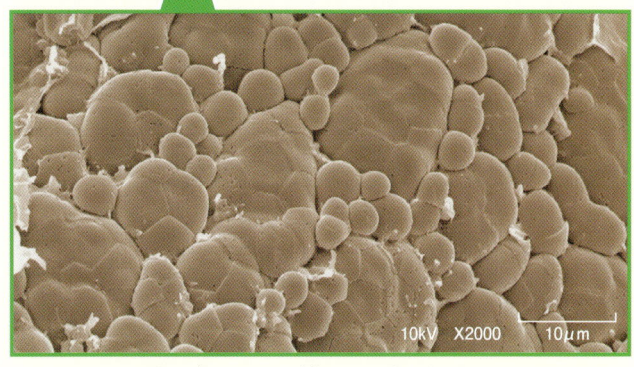

米（イネ）

でんぷんの粒が集まって大きな粒をつくっています。

23

胞子でふえる植物

ゼンマイ
胞子のうが集まっています。

胞子のう
胞子が出た後の胞子のう。

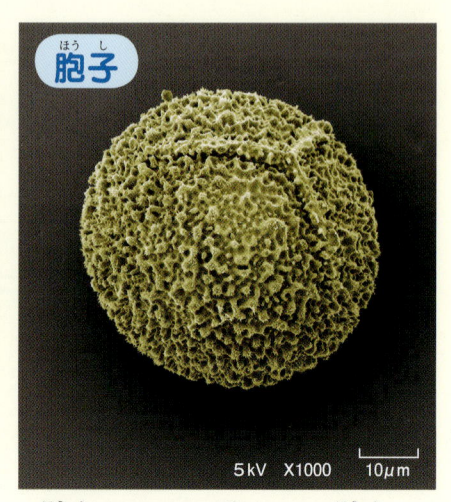

胞子
胞子のうから出てきた胞子。

　ゼンマイやスギナなどのシダ植物の体は、根・茎・葉からなり、花や花粉はありません。種子をつくらず、胞子を飛ばしてふえます。芽が出るときは、胞子のうをつける葉とつけない葉に分かれます。

　ツクシは「ツクシ」という植物ではなく、スギナの胞子のうが集まった器官の別名で、スギナの葉と地下でつながっています。

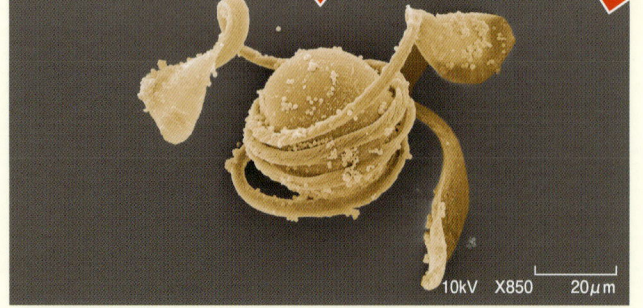

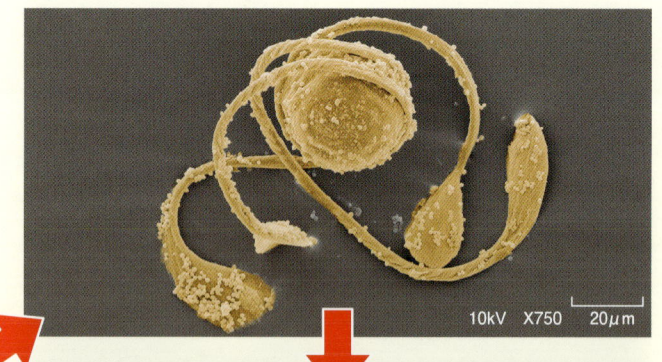

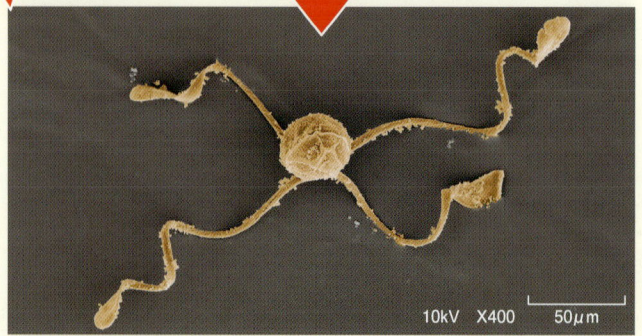

ツクシの胞子

丸い形をした胞子は、乾燥していると、ほぐれて4本の糸状の足を伸ばし、風に乗って飛びます。

第2章
動物のふしぎ

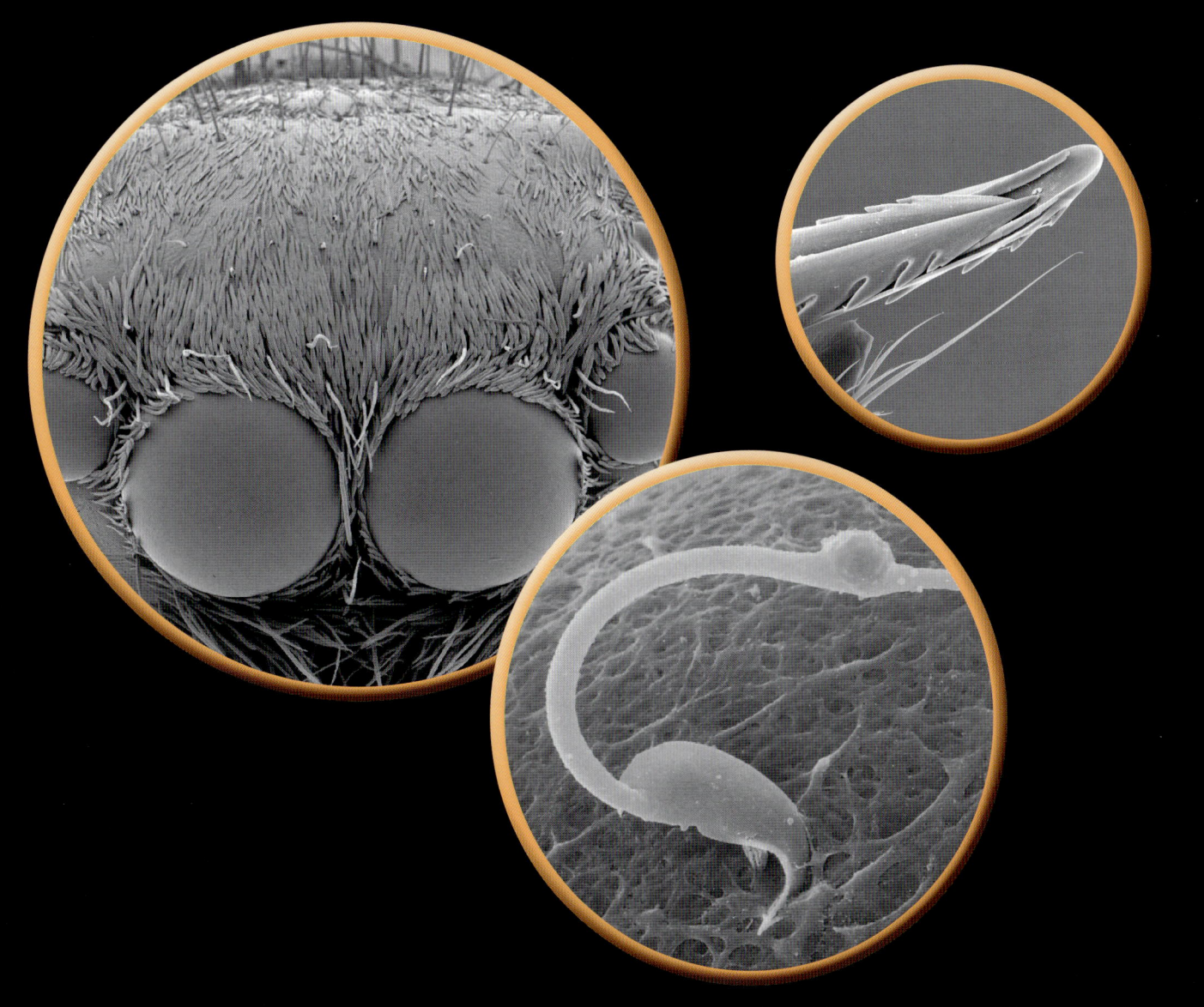

右上：ハエトリグモの単眼　中央下：マウスの体外受精　右上：ミツバチの針

ミツバチの体のつくり

ミツバチの社会は、1匹の女王蜂と数万匹の働き蜂、少数のオス蜂の群れでつくられています。働き蜂はメスで、蜜や花粉集め、巣づくり、卵の世話、外敵からの防御などをします。集めた蜜や花粉は、女王蜂や幼虫のえさとなります。体は硬い殻で覆われ、各部分に節があります。

🔍 ミツバチの頭部

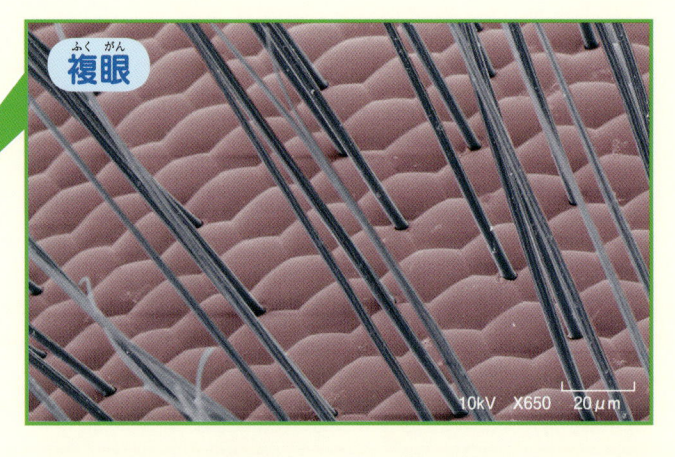

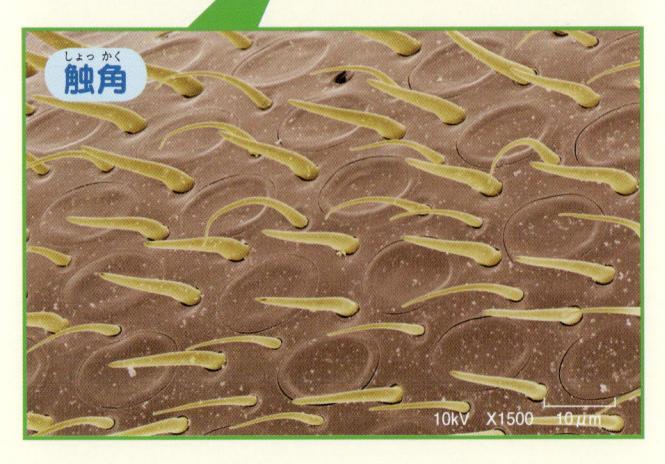

複眼

触角

ミツバチの頭部には、長く硬い毛と、複眼や単眼、触角、口があります。複眼は、物を見る役割を持ち、花粉がつくのを防ぐために毛が生えています。触角にはいくつもの節があり、表面に短い毛や円形の感覚器があり、匂いや音を感じます。また、触角は、ミツバチの巣（六角形の部屋）をつくるときのものさしのような働きもします。

🔍 ミツバチの体

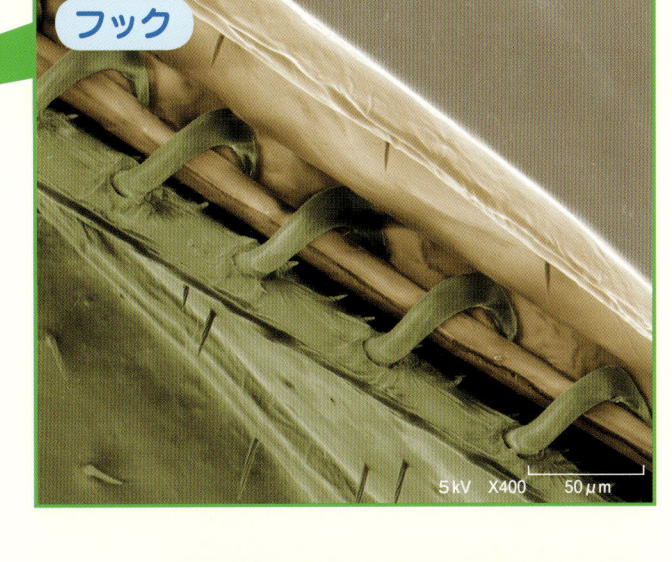

羽

ミツバチは2対、計4枚の羽を持ちます。羽を開くと後ろ羽にあるフックが前羽に固定され、合体します。羽は、1秒間に200回以上も羽ばたくことができます。

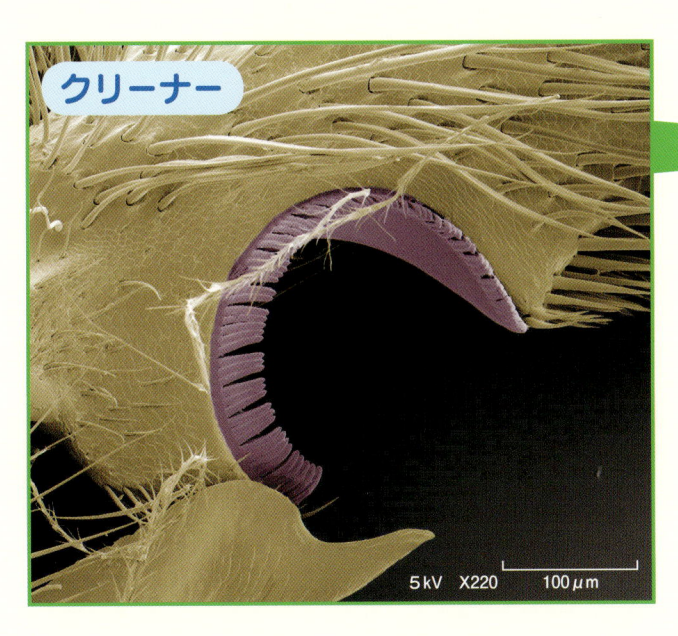

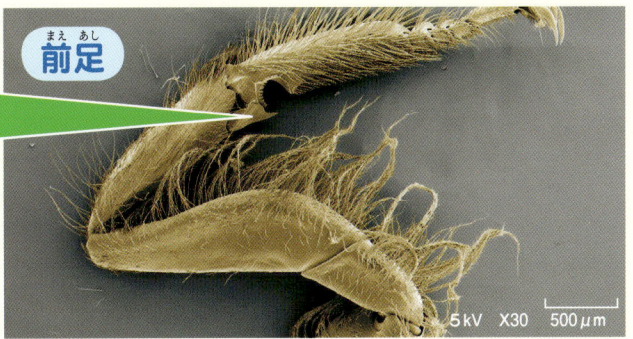

フック

クリーナー

前足

ミツバチの前足には、ちょうど触角と同じ太さの穴があります。この穴は、触角を入れて付着した花粉をそぎ落とすという「花粉クリーナー」として働きます。

メスのミツバチには、産卵管が変化した毒針があります。これは2本の針が重なってできており、前後にすべるように動き、動物の皮膚などに刺さります。針の先には返しがあり、一度刺さると抜けなくなります。無理に抜こうとすると、腹部がちぎれ、ミツバチは命を落としてしまいます。

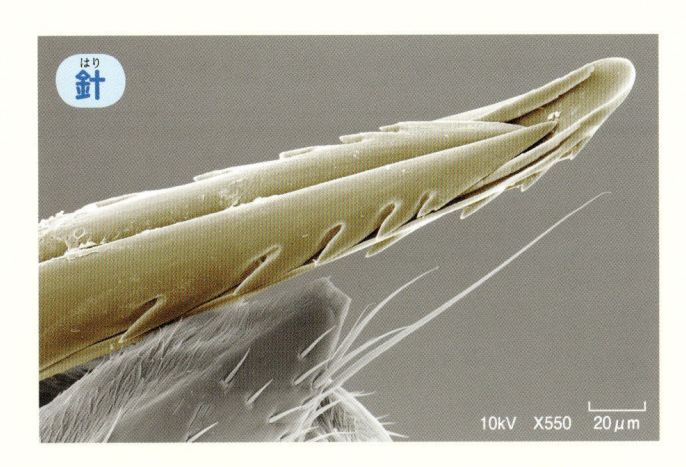

針

第2章 動物のふしぎ

27

いろいろな目

🔍 ハエの複眼

ショウジョウバエ

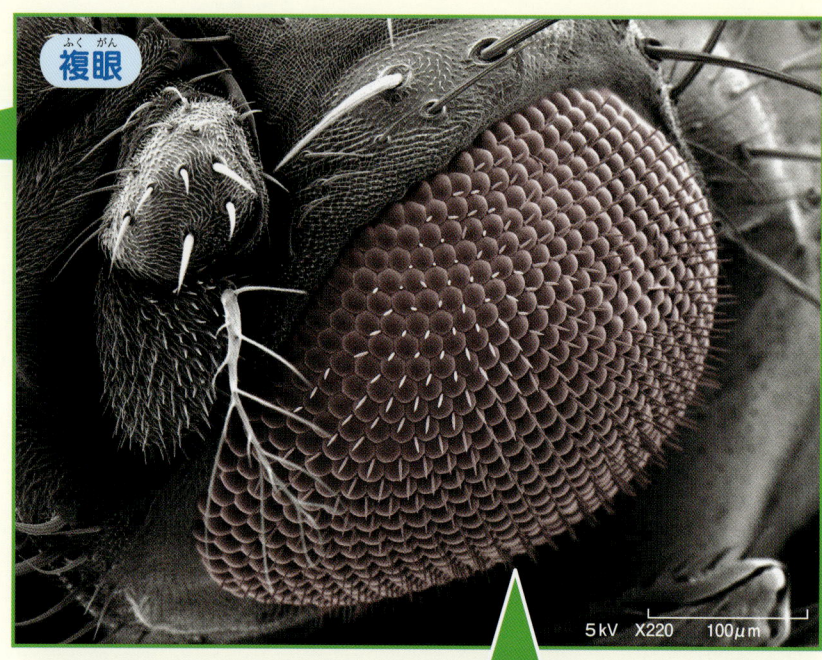

複眼

20kV X25 1mm

5kV X220 100μm

5kV X1200 10μm

　ショウジョウバエは、成虫で体長2～3mmほどです。産卵後から成虫までは2週間ほどと短いため、遺伝子の実験によく使われます。果物などが発酵した物を好むため、台所の生ゴミ周辺で見かけます。
　ショウジョウバエの複眼は、物を見るための役目を持っています。拡大すると、たくさんの小さい目が規則正しく並び、小さい目の間に毛（剛毛）が生えています。また、頭部に明るさを感じとるための3個の単眼も持っています。

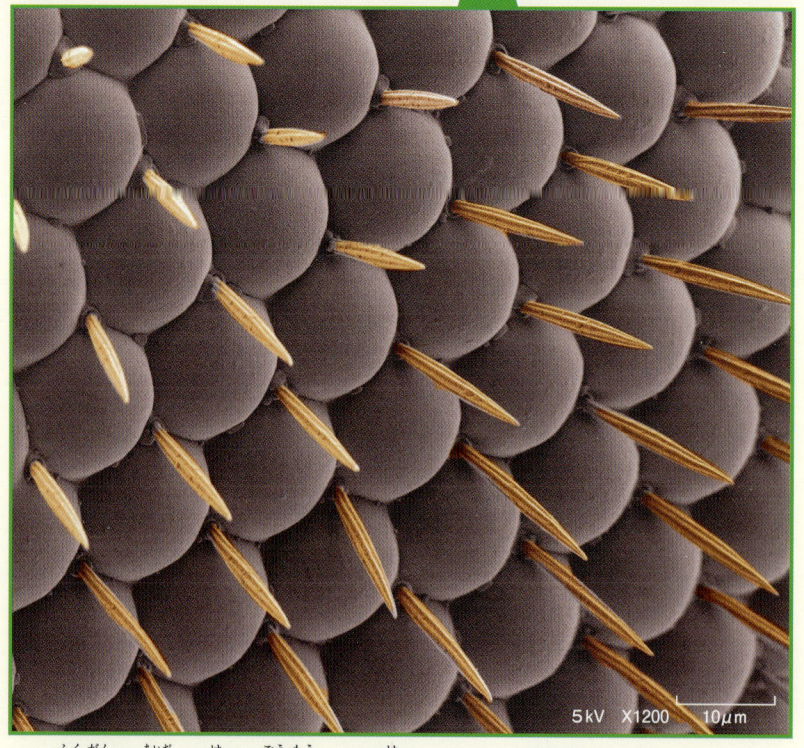

複眼の間に毛（剛毛）が生えているのがわかります。

第2章 動物のふしぎ

🔍 クモの単眼

ハエトリグモ

単眼

クモは、頭部に大小8つの単眼を持ち、複眼はありません。ハエトリグモは、網状の巣をつくらずに動き回ってえさを捕まえます。

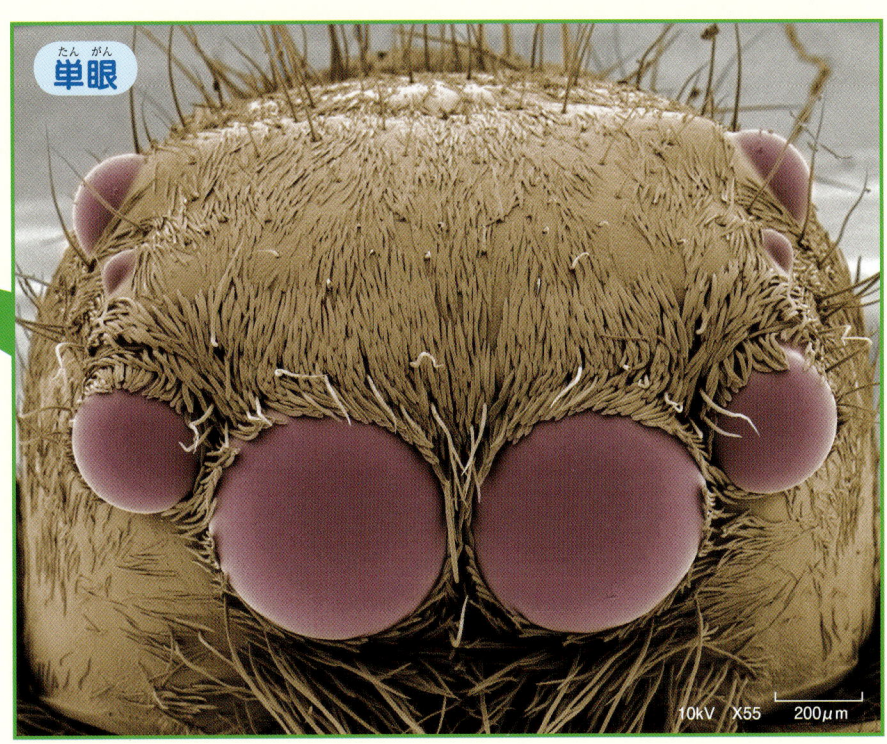

🔍 ザリガニの複眼

アメリカザリガニ

複眼

ザリガニも昆虫と同じく複眼を持ちますが、昆虫の複眼とは形が異なっています。拡大して見ると、一つ一つの複眼が四角い形をしているのがわかります。

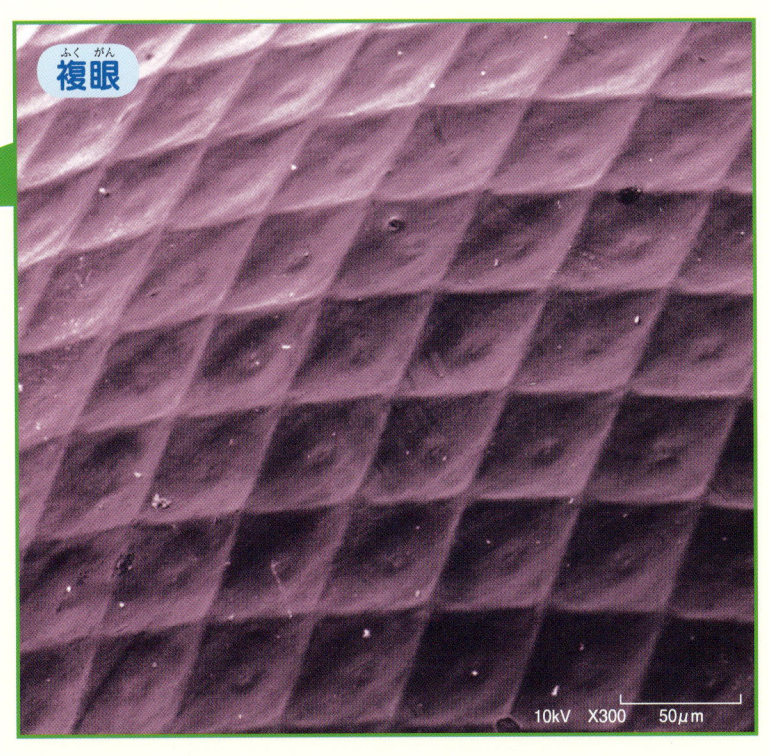

体のどこで聞く？

🔍 マウスの聴覚器

　ヒトやマウスの耳は、空気の振動を音として感じています。外耳から入った音は、鼓膜を振動させ、奥の中耳にある3つの小さい骨を通して、内耳にあるうず巻状の蝸牛（音を感じとる器官）に伝えます。

　蝸牛の内部には、毛のような突起（感覚毛）を持った有毛細胞が並んでいます。それぞれの細胞の感覚毛はV字状に杭を立てたような形できれいに並んでおり、この感覚毛が、音の振動を信号に変えて脳に伝えています。

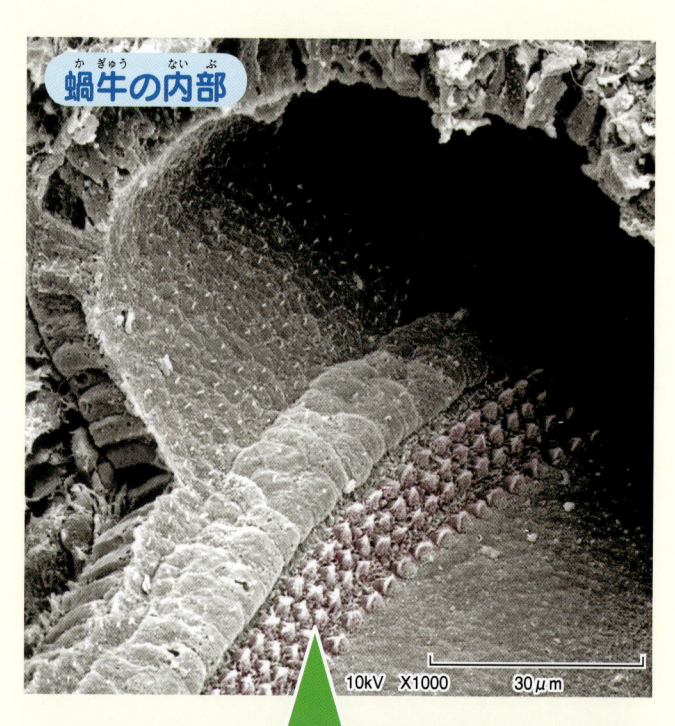

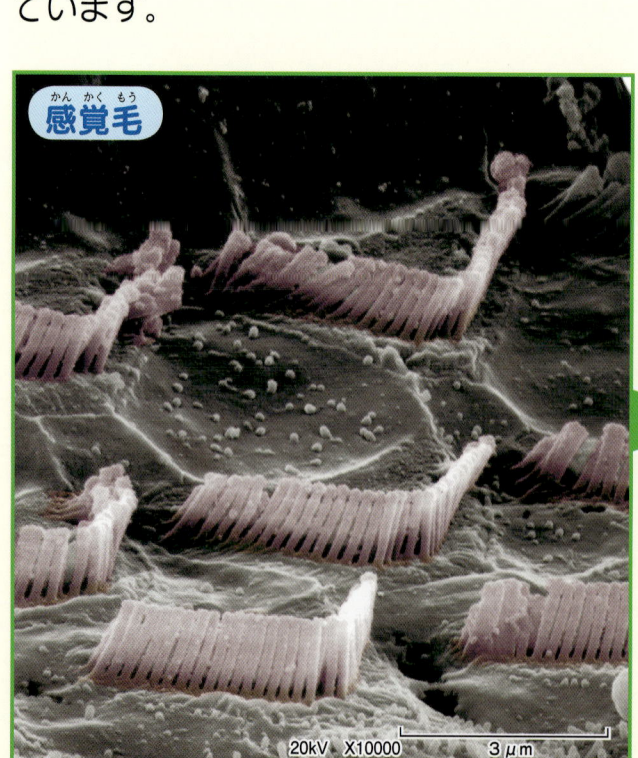

蝸牛の内部
10kV ×1000　30μm

感覚毛
20kV ×10000　3μm

整然とV字状に並んでいる感覚毛。

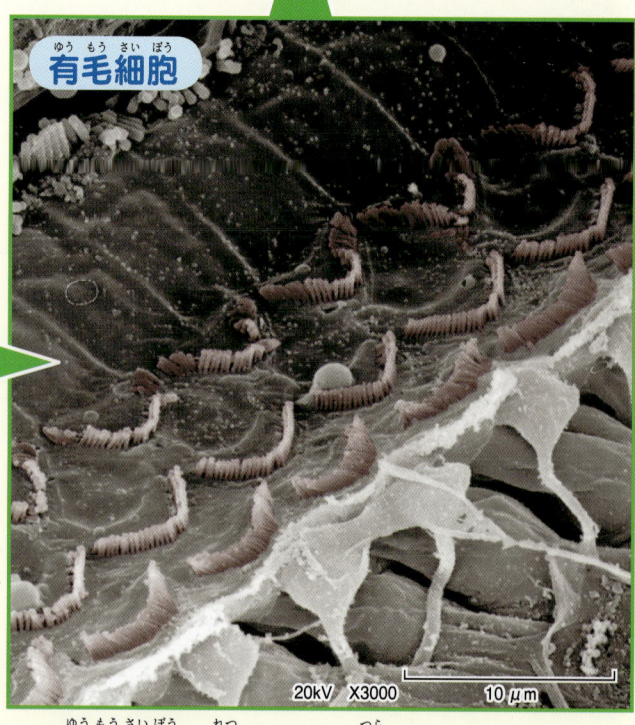

有毛細胞
20kV ×3000　10μm

有毛細胞が列になって連なっています。

第2章 動物のふしぎ

🔍 スズムシは足で「聞く」

昆虫の聴覚器は、種によっていろいろな場所に見られます。スズムシは前足の内側に聴覚器がありますが、バッタは後ろ足の付け根近く、ヤガは羽の付け根にあるなど、聴覚器の位置はそれぞれ異なります。

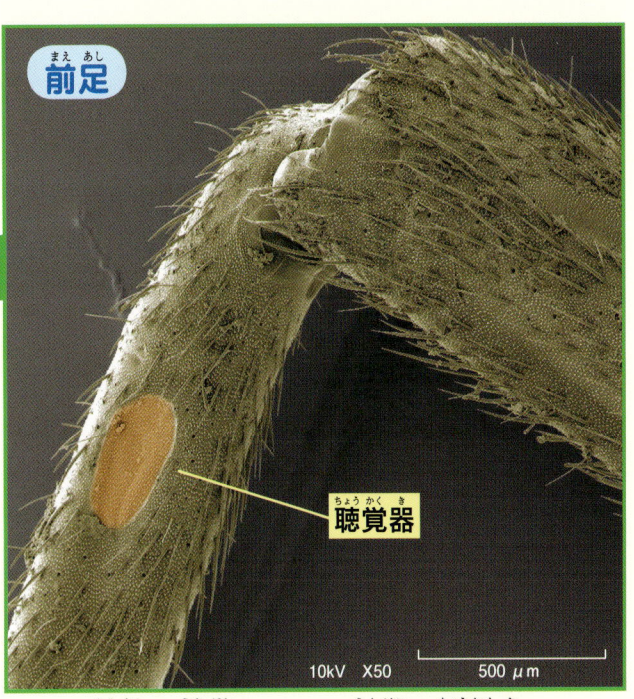

前足

聴覚器

前足の内側にあるだ円形の聴覚器。

🔍 ミツバチの「耳」はどこ？

触角

聴覚器

節と節の移行部の中に聴覚器があります。

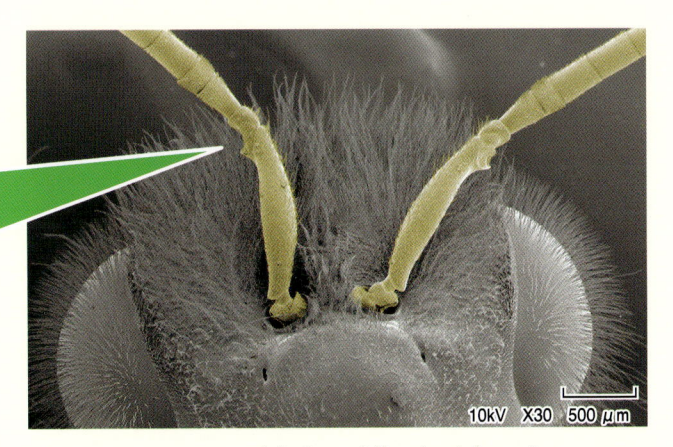

ミツバチは、頭部に長い触角を持ちます。触角の二番目の節にあるジョンストン器官が聴覚器に当たり、振動を音として感じています。ショウジョウバエなども、触角の付け根にジョンストン器官があります。

飛ぶための工夫

🔍 鳥の羽毛のつくり

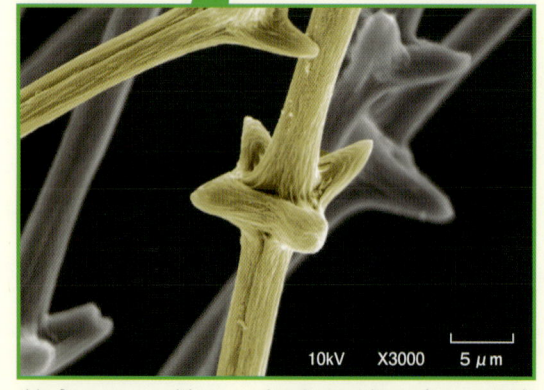

ハト

風切羽

羽枝

小羽枝

綿羽

羽軸

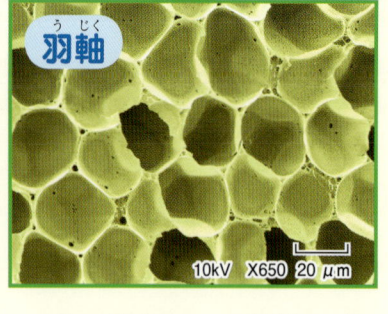

羽軸は中空で、軽くて硬いつくりです。羽枝から枝分かれした小羽枝はかぎ状になっていて、羽枝同士が離れないようにしています。

綿羽にある多くの突起が絡み合って空気をため込みやすくします。

鳥の全身には羽毛が生えています。飛ぶための風切羽は、太い羽軸からたくさんの羽枝が生え、きれいに並んでいます。羽枝同士が裂けても、指でなでると元に戻ります。体の表面を覆う綿羽は、空気を多く含み、熱を逃がしにくくして体温を保ちます。

第2章 動物のふしぎ

🔍 前後でつながるセミの羽

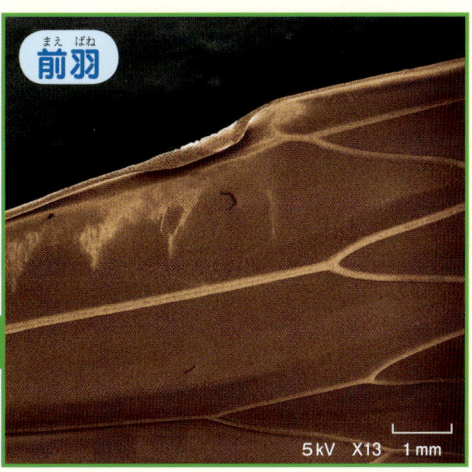

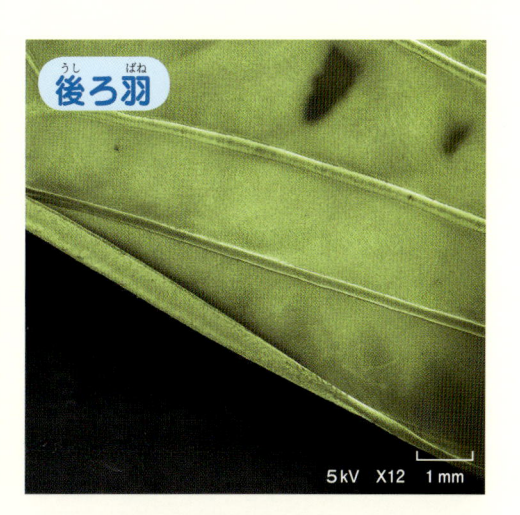

アブラゼミ　前羽　後ろ羽

かみ合った羽

　セミは4枚の羽を持っていますが、飛ぶときには、まるで2枚の羽のように動かして羽ばたきます。どうして前後の羽が同時に羽ばたくのでしょうか？
　実は、セミの羽には、前羽と後ろ羽にそれぞれ溝があります。飛ぶために羽を開くと、前羽と後ろ羽の溝同士がかみ合い、1枚の羽として動かすことができるのです。

🔍 チョウの羽についている粉は？

アゲハチョウ　りん粉

　チョウを捕まえたとき、粉が手についたことはありませんか？これはりん粉といい、水をはじく、模様をつくる、敵から逃げやすくするなどの役割を果たします。

歩く・進む

🔍 壁にくっつくヤモリの足

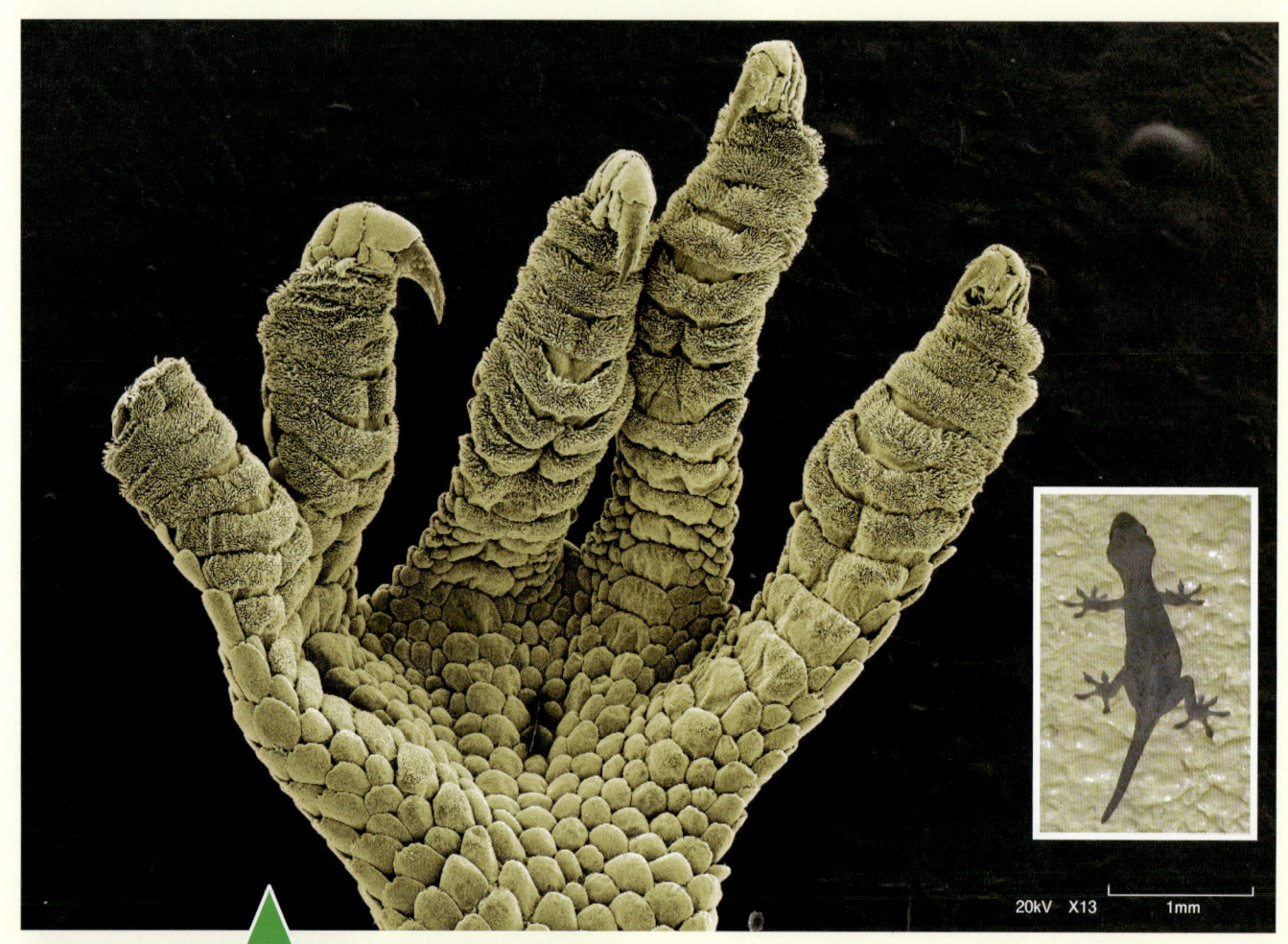

ヤモリは窓ガラスや壁を歩き回ることができます。なぜ落下しないのでしょうか？
その秘密は、のりのような物質によるものではなく、足の指にある0.1mmほどの毛（剛毛）の集まりにあります。毛の先はさらに細かく分かれており、毛の先と物体とが極めて近づいた間に働く物同士が引き合う力（分子間力）を利用しているのです。

第2章 動物のふしぎ

🔍 水に浮くアメンボの足

アメンボの足は毛でびっしりと覆われており、水面を自由に移動することができます。

　アメンボが水に浮く秘密は、足のつくりにあります。足は毛で覆われていて、毛の間に空気を十分取り込むことができ、さらに油を出して水をはじくため、水に浮きやすくなります。また、水の表面張力と浮力が働き、軽い体を水面に浮かべることができるのです。足の先にある長い毛は、水面のわずかな振動をとらえる感覚毛です。

🔍 アリの関節

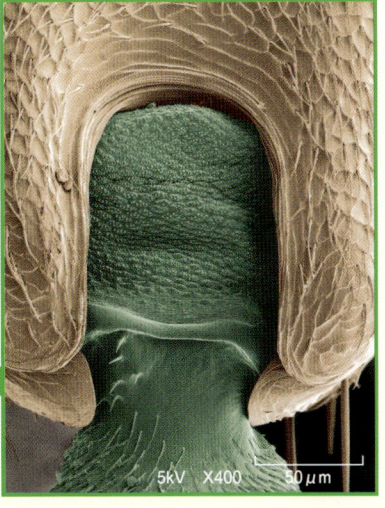

アリの外骨格は硬いため、関節がないと体を動かすことができません。

　昆虫の体は、硬い外骨格で覆われています。足も外骨格で覆われており、動きやすくするため、たくさんの関節に分かれています。アリの関節を拡大して見ると、一方向にしか動かすことができないつくりになっています。

35

食べる口のいろいろ

🔍 食べる物によって異なる昆虫の口

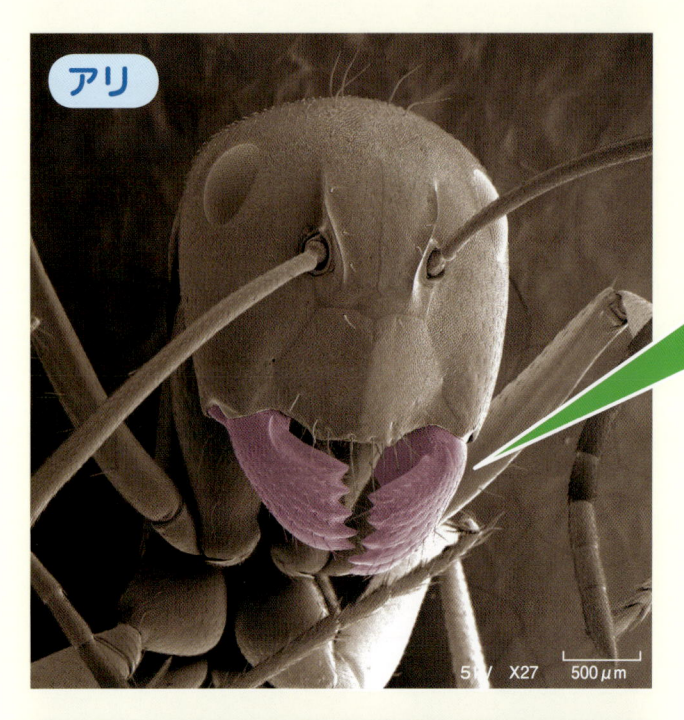

アリ

私たちの口は上下に開きますが、アリの口は、バッタやハチなどと同様に、左右に開く鋭いあごを持っています。アリは、えさを捕まえやすくするように、あごの先がギザギザの形をしています。

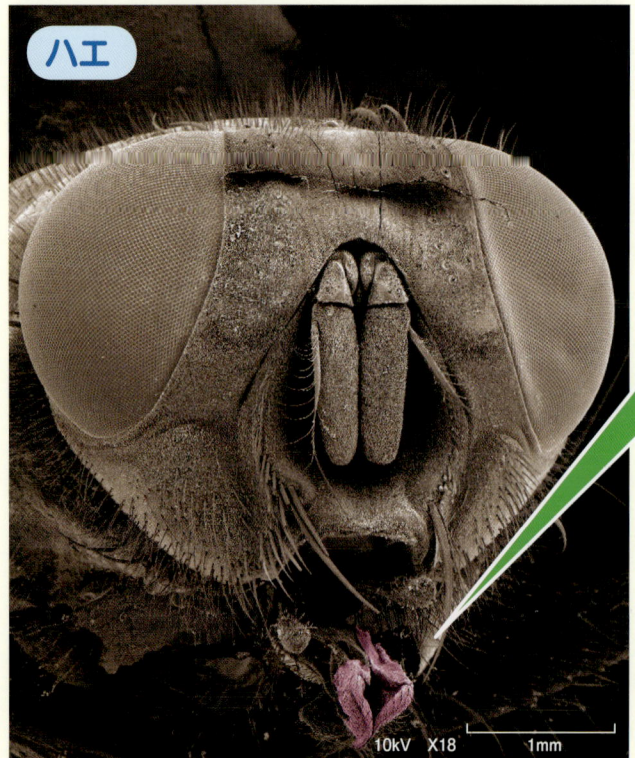

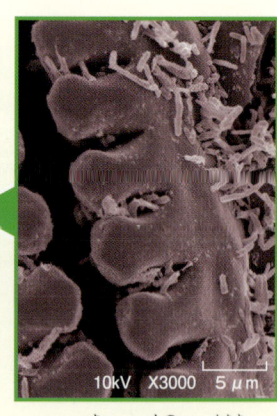

ハエ

ハエの口は、長く伸びて、食べ物の形に合わせて密着させることができます。下くちびるには小さい歯があり、拡大すると、動物のふんや死がいなどの腐った食べ物で繁殖した菌（右図）が観察されます。ハエは食べ物をだ液で溶かして吸いとります。

第2章 動物のふしぎ

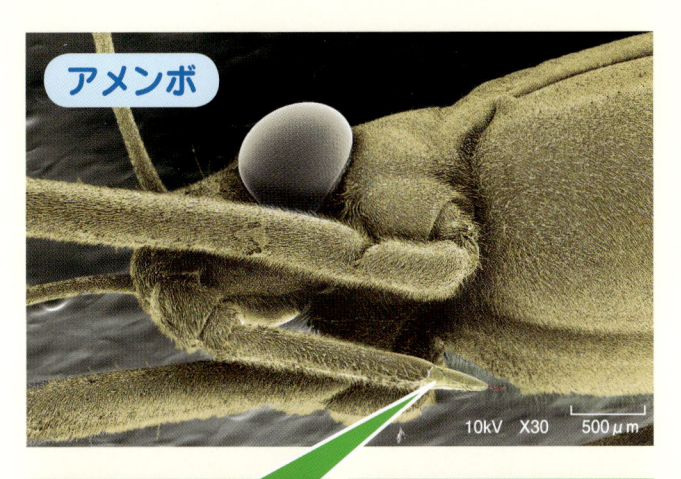

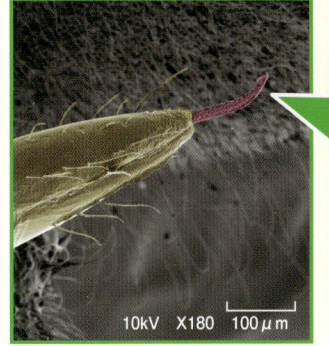

アメンボ

ミツバチ

アメンボは、セミやタガメと同様に、注射針のような口を持っていて、水面に落ちた昆虫などの体に刺して、体液を吸い込みます。

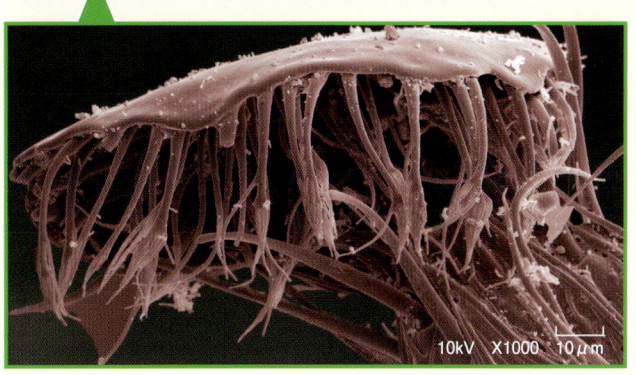

ミツバチは、花粉を食べたり、外敵と戦ったりするための大あごと、蜜を吸うためのろうと状の細長い口（吸水管）を合わせ持っています。

🔍 ギザギザの歯で削りとる

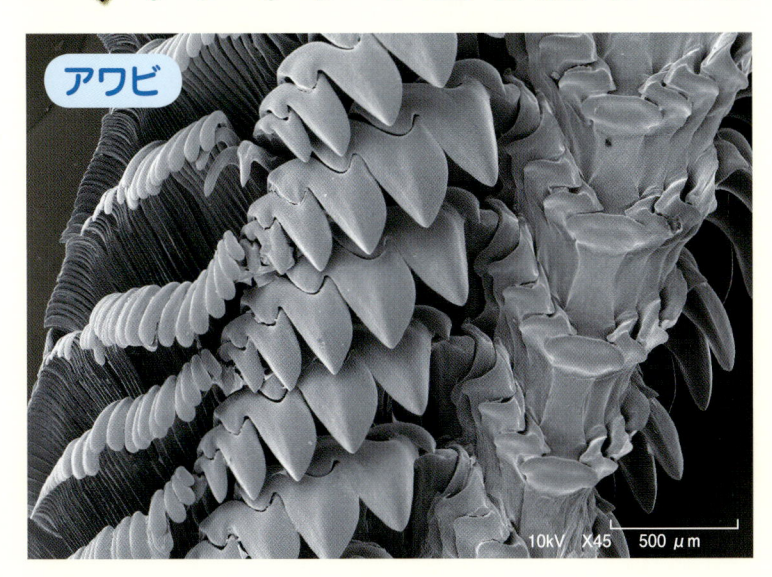

アワビ

アワビやサザエ、イカの仲間の口は、小さくて鋭い歯がたくさん並んでヤスリのようになっています。このような歯を「歯舌」といいます。

アワビは、この歯舌を用いて、岩に付着したコンブなどの藻類を削りとって食べています。すり減った歯舌は、新しいものと入れ替わります。

37

呼吸の仕組み

🔍 ニワトリの呼吸

　鳥の呼吸器は、ヒトと異なり、肺の前後に気のうという袋がついています。空気を吸うと、大半が肺を通らずにまず後ろの気のうにたまります。息を吐くとき、後ろの気のうの空気は肺を通って前の気のうに移ります。このとき、二酸化炭素と酸素が交換されます。次に息を吸うときに、前の気のうの空気が排出されるという一方通行の呼吸です。気のうが一時的に空気をためることにより、肺は絶えず新鮮な空気で満たされるため、酸素を効率よく取り込むことができます。

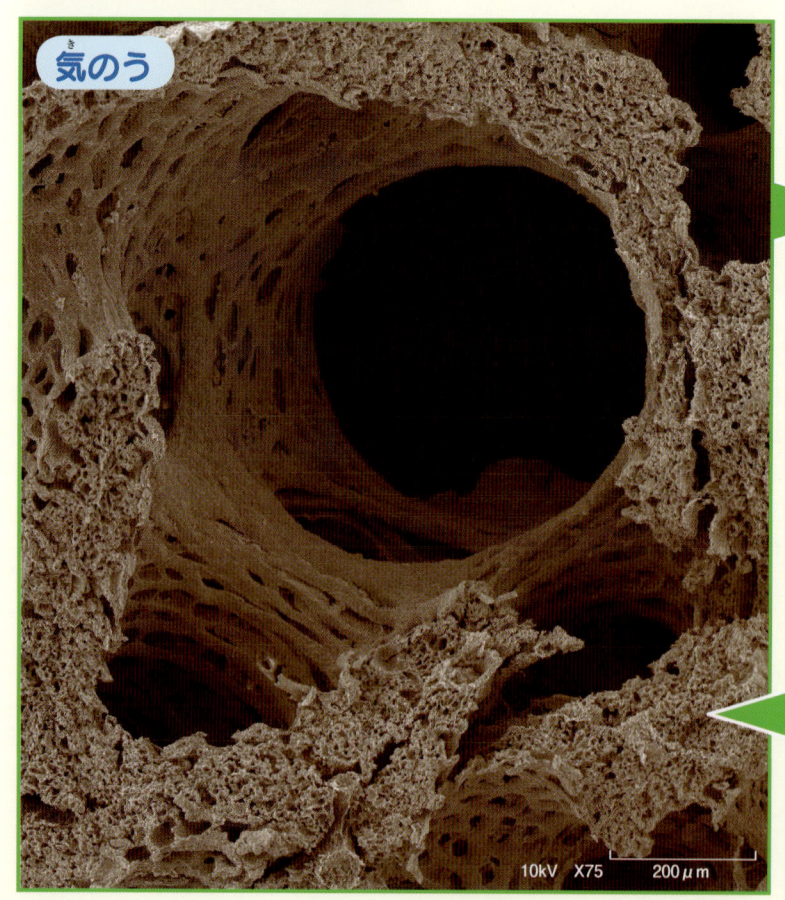

気のう

ニワトリの気のうの表面には毛細血管が走っています。

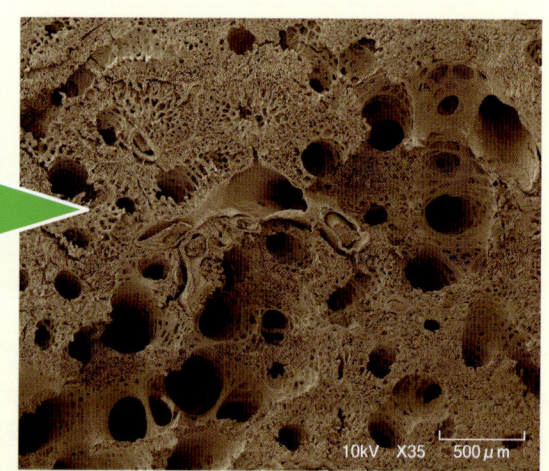

第2章 動物のふしぎ

🔍 ボウフラの呼吸

呼吸管

カの幼虫をボウフラといいます。水中で生活するボウフラの多くは、呼吸するために定期的に水面に浮上し、尾の先端にある呼吸管を用いて空気を取り込んでいます。

ボウフラの呼吸管は、水中では右上の写真のように閉じている状態で、尾を水面に出し、右下の写真のように呼吸管を開いて呼吸します。

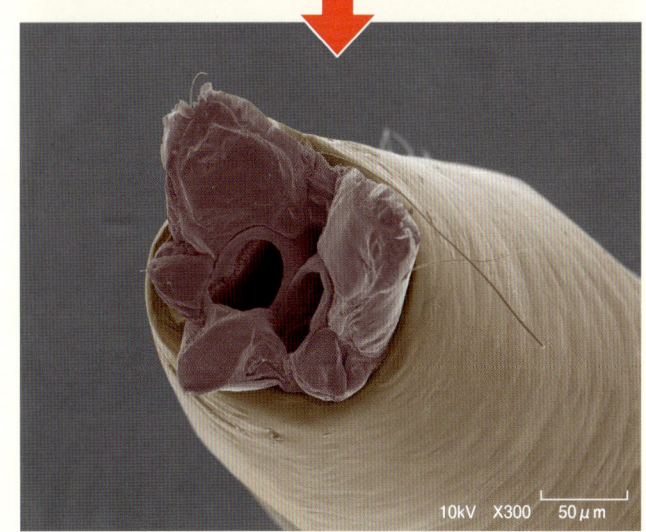

🔍 カイコの呼吸

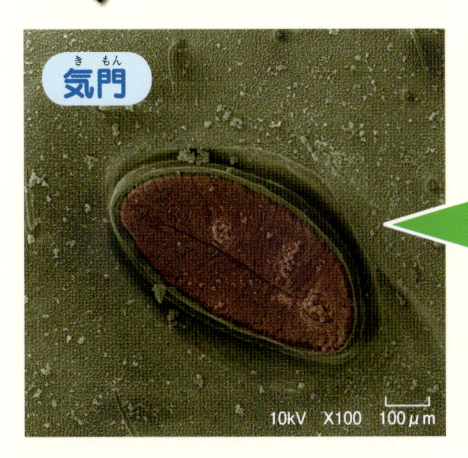

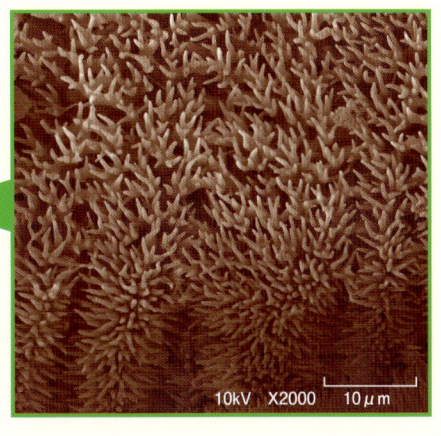

気門

カイコは、ハチやバッタの成虫などと同様に気門を通して呼吸しています。気門の表面は、サンゴ状に枝分かれした出っぱりで覆われており、ゴミや水の侵入を防いでいます。

体を守る

🔍 いろいろな動物の毛

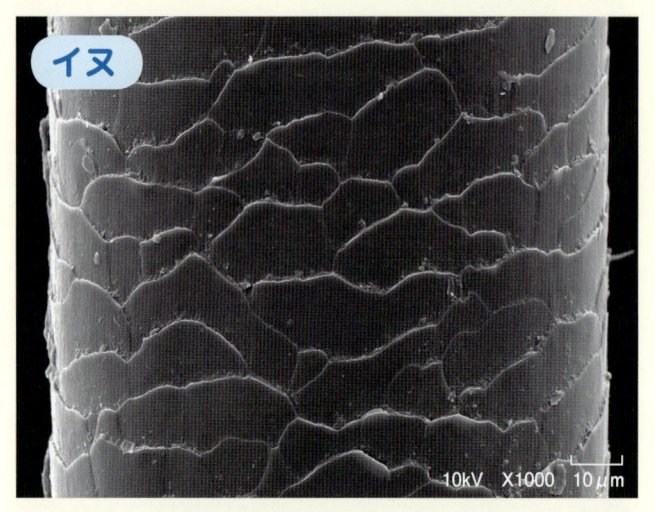

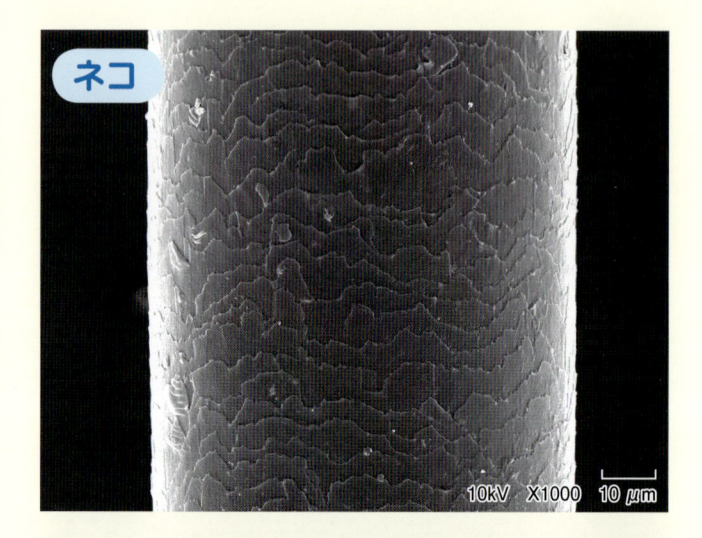

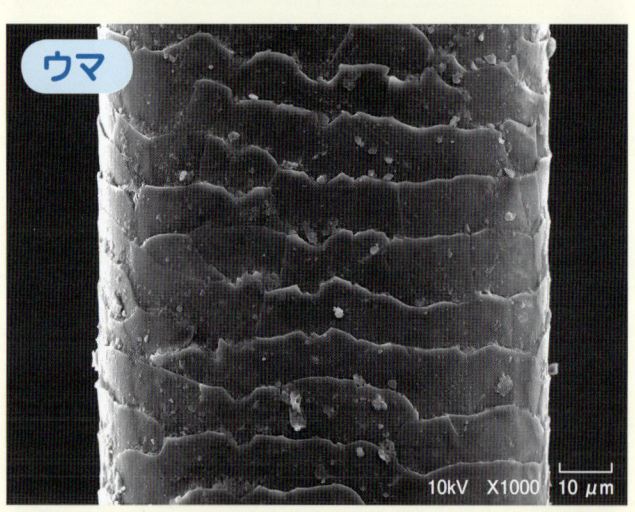

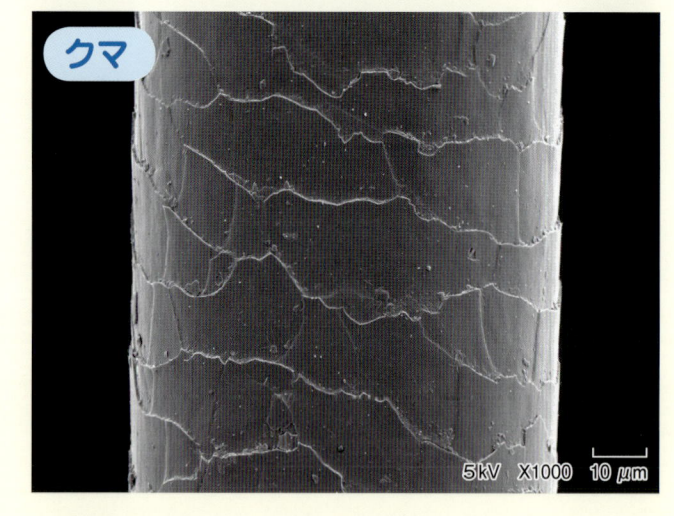

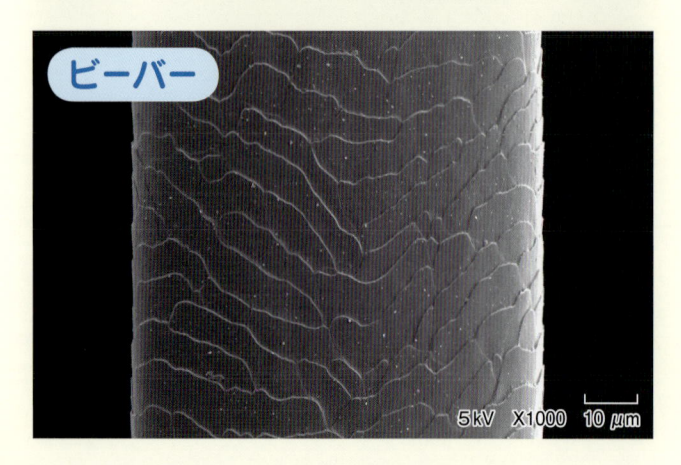

イヌ

ネコ

ウマ

クマ

ビーバー

動物の毛は、皮膚が変化したもので、外側はうろこ状の毛小皮（キューティクル）に包まれています。動物によって、毛の太さや毛小皮の幅・大きさなどが異なります。毛小皮が壊れたりはがれたりすると、中の水分やたんぱく質が流れ出て、毛はパサパサになってしまいます。

第2章 動物のふしぎ

🔍 体の表面のつくり

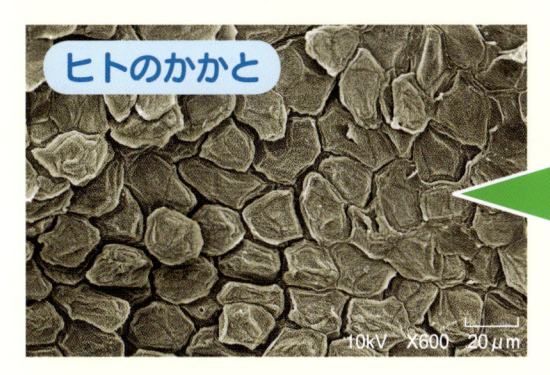

ヒトのかかと

ヒトの皮膚は表皮・真皮・皮下組織から構成されます。表皮は層になっていて、一番内側では常に細胞が分裂し、その細胞が表面へ移動して硬く平たい細胞となり、皮膚の表面を守ります。古くなるとはがれてあかとなります。こうして、皮膚は常に新しい細胞に入れ替わり、水分の蒸発を防ぎます。

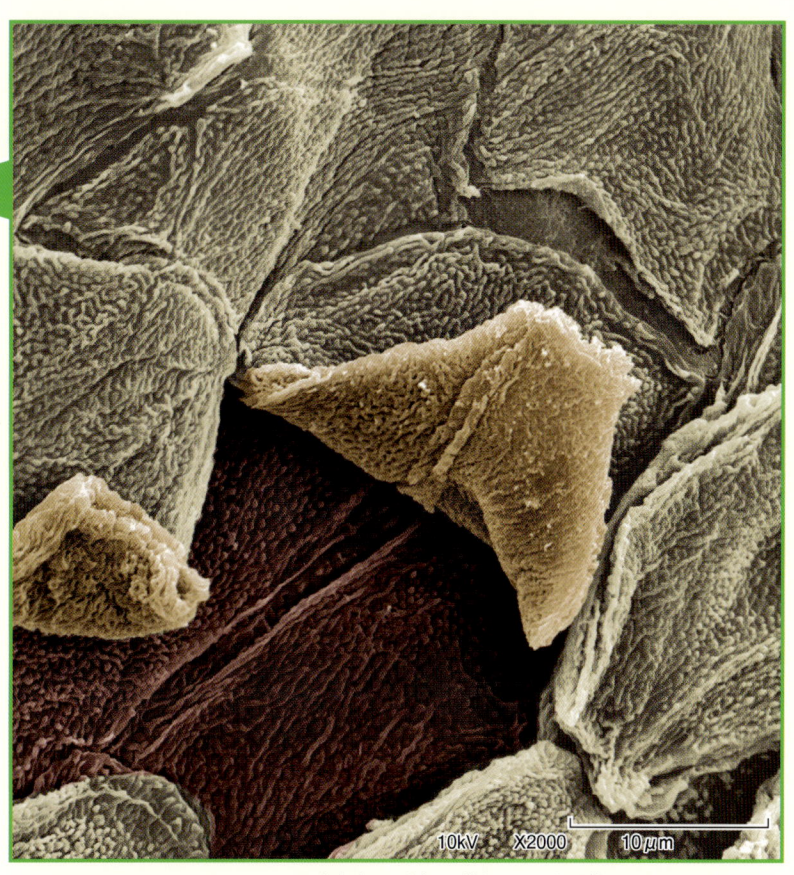

かかとのはがれかけた表皮の下に新しい細胞が見えます。

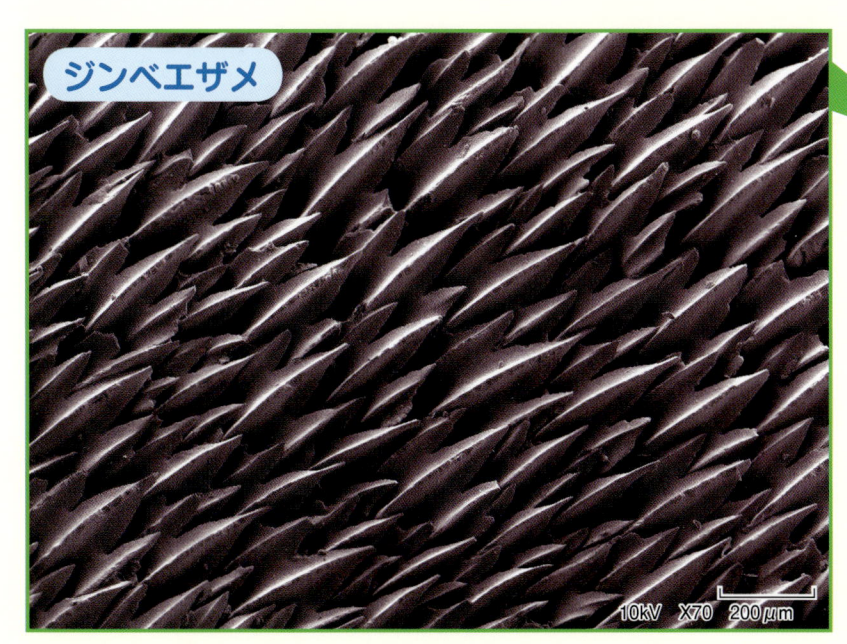

ジンベエザメ

サメの硬いうろこは種によって形は違いますが、一方向に並んでいます。このうろこにより、水流の乱れが少なくなり、速く泳ぐことができます。

サメのうろこはギザギザになっています。

41

マウスの体のつくり

🔍 消化する器官

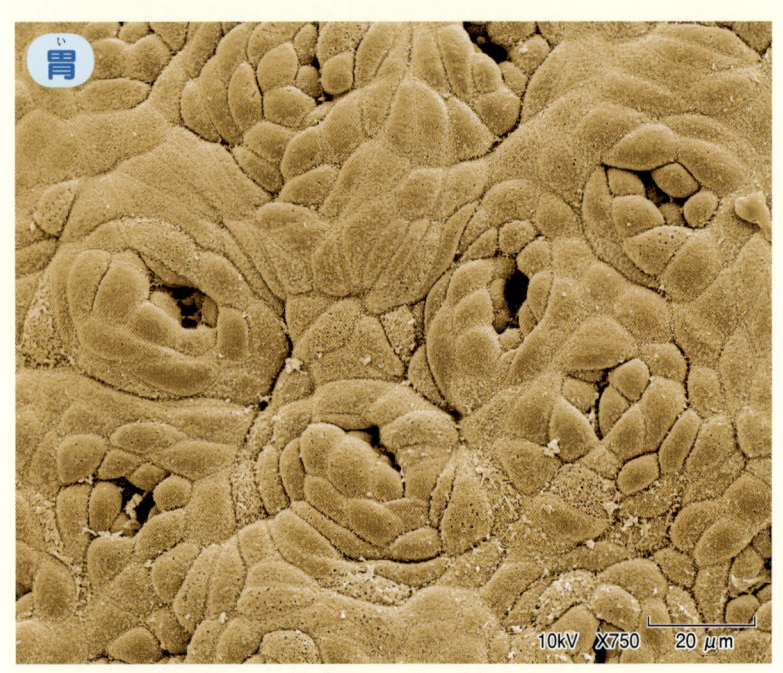

私たちが食べた物は、胃の中で塩酸を含む胃液によってどろどろに溶けます。胃から十二指腸に送られた食べ物は、ほかの消化液と混ざり、小腸に移ります。小腸で栄養を吸収し、大腸で水分を吸収した残りが便として体の外に出されます。胃は、壁の穴から胃液を出します。小腸の中はじゅう毛というひだに覆われ、その表面には細かい微じゅう毛が並んでいます。これで表面積を広げて栄養を効率よく吸収します。

胃の表面には分泌液の出る穴が見られます。

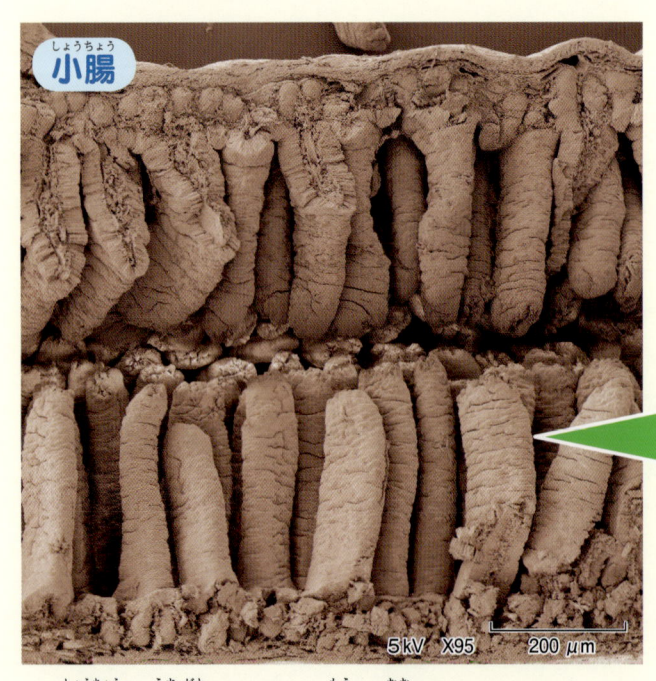

小腸の内側はじゅう毛で覆われています。

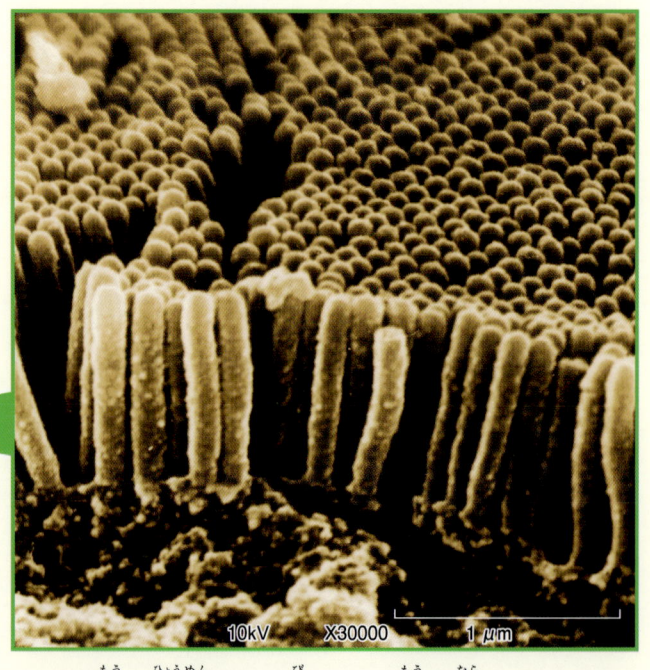

じゅう毛の表面には、微じゅう毛が並んでいます。

🔍 呼吸する器官

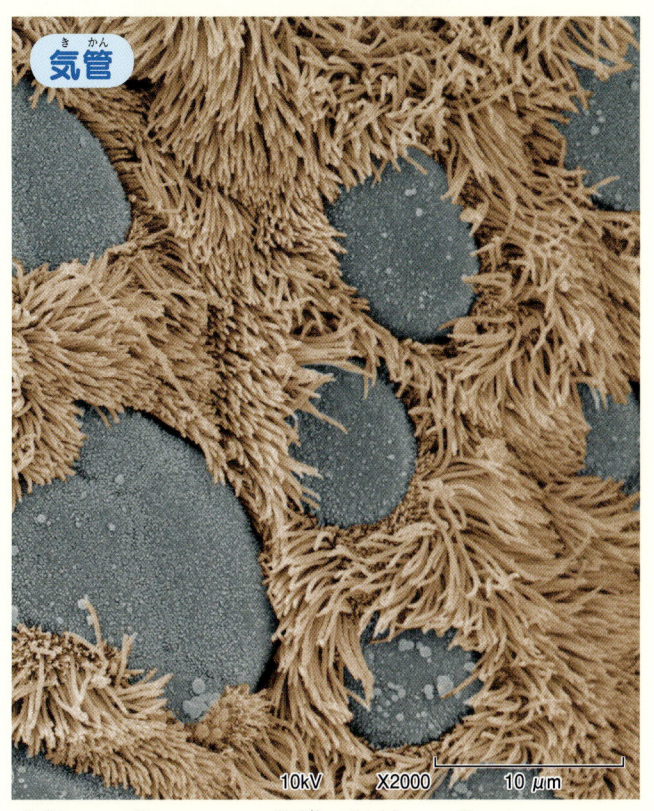

鼻や口から吸い込まれた空気は、のど、気管、気管支を通って肺に送られます。

気管の内部には、毛が生えた細胞（線毛細胞）と丸い形の細胞（無線毛細胞）があります。無線毛細胞は粘液を出し、空気といっしょに入ったホコリなどをくっつけます。線毛細胞は、ホコリを含んだ粘液をのどへ送り出し、肺を異物から守ります。

気管支は、何度も枝分かれして小さな肺胞につながります。肺胞はぶどうの房のように集まり、一つ一つが毛細血管で包まれています。この血管は、肺胞内の空気から酸素を取り込み、不要な二酸化炭素を肺胞に送り出すというガス交換を行っています。

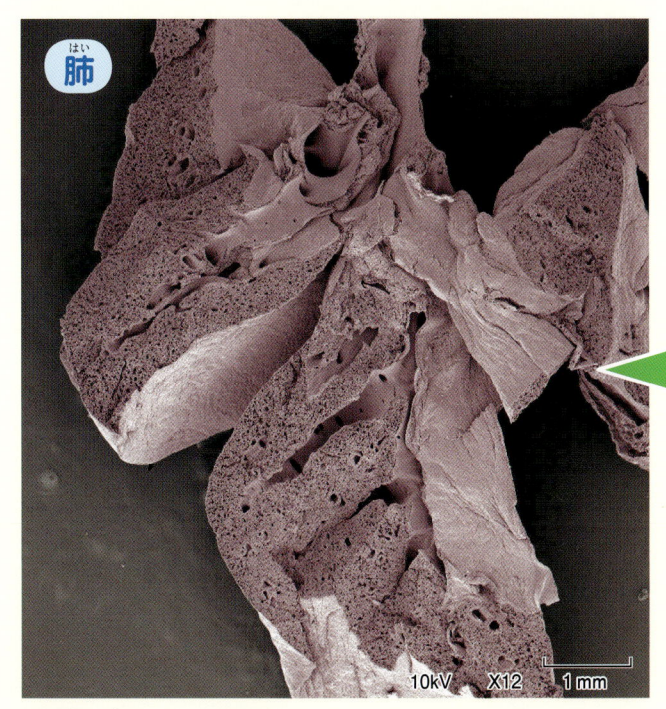

気管には毛のような細胞（線毛）が生えています。

肺胞が集まった肺はスポンジのように見えます。

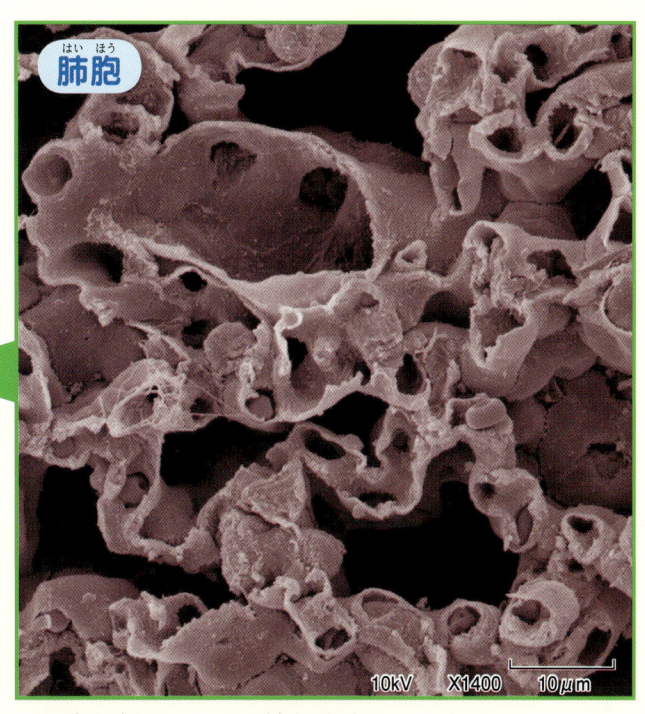

肺胞は網のような毛細血管で包まれています。

第2章 動物のふしぎ

生まれる

🔍 マウスが生まれるまで

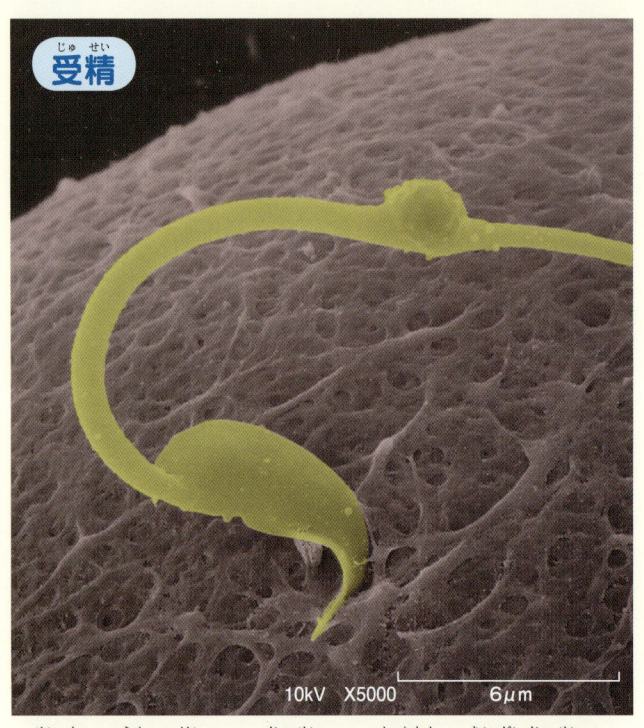

受精

精子が卵に入り、受精する瞬間（体外受精）。

ヒトやマウスなどの哺乳動物の誕生は、精子と卵が出合って受精することから始まります。受精から出産するまでに起こる現象は、すべて母親のおなかの中（卵管と子宮）で進みます。そのため、通常は、発生の過程を直接見ることはできません。

受精したマウスの卵は、細胞分裂を繰り返して、4日後には子宮壁に着床します。ヒトの受精卵は6日かかります。着床後、受精卵の細胞が増殖や移動をし、いろいろな器官がつくられて、次第に胎児らしい形になっていきます。

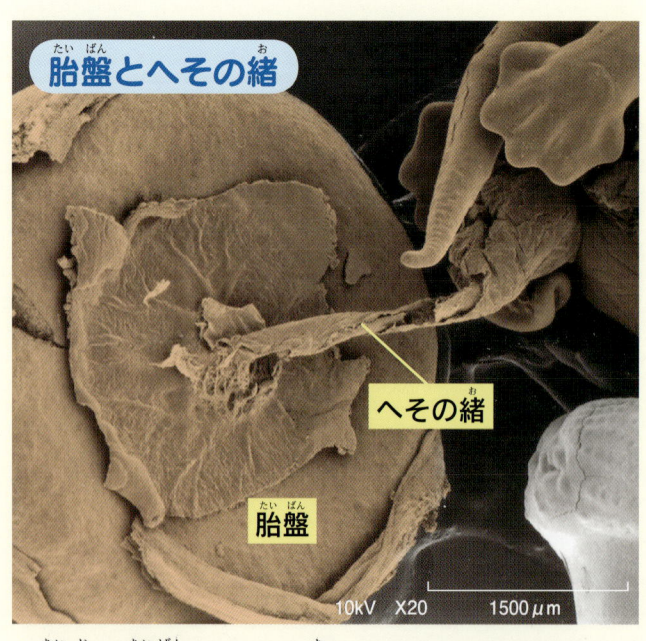

胎児

胎児は厚い膜で包まれています。

胎盤とへその緒

へその緒
胎盤

胎児と胎盤はへその緒でつながっています。

第2章 動物のふしぎ

🔍 マウスの顔の形成

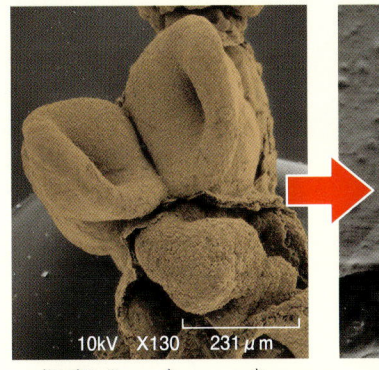

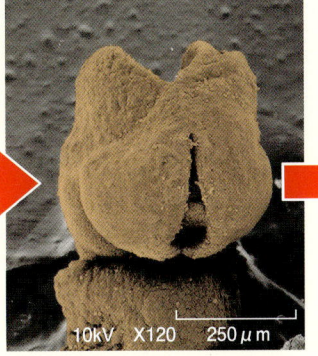

受精後8日と9日における胎児の顔の形成。

受精後8日の胎児は、顔になる部分が開いています。9日になると開いていた部分が合わさり始め、10日目になると、顔の形ができます。13日で、目や口、鼻などがつくられ、完成した顔となります。

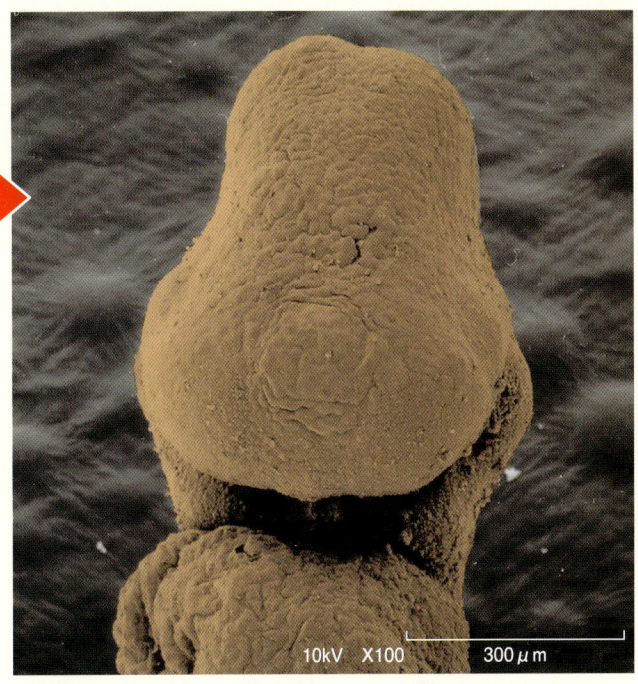

受精後10日で、顔の大まかな形ができます。

🔍 マウスの前足（手）の形成

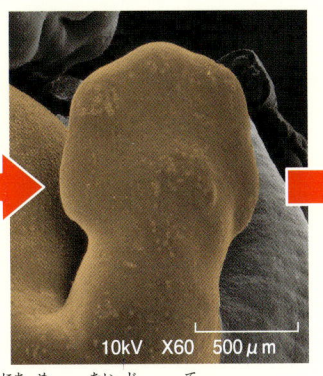

マウス11日目と12日目の胎児の手。

受精後10日に胎児の腹部の横がふくらみます。その部分が伸びて腕となり、先に丸いうちわ状の手のひらがつくられます。受精後13日には指の骨ができ、指と指の間の水かきがなくなり、前足（手）がつくられます。

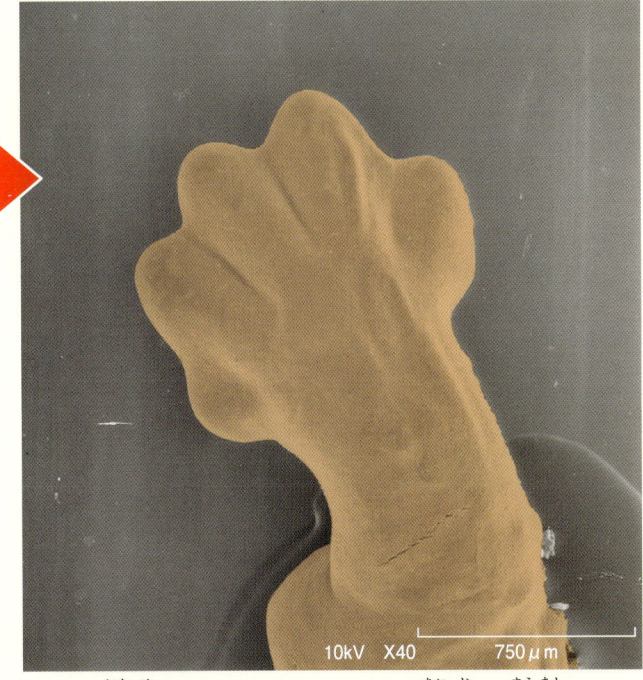

13日目のつくられつつある胎児の前足。

45

卵の殻はどうなっているの？

卵殻と卵殻膜
卵殻　　卵殻膜

卵殻の表面
卵殻には無数の穴が開いています。

卵殻
断面に炭酸カルシウムの結晶が見えます。

　殻に包まれているニワトリの卵はどのようにしてつくられるのでしょうか。まず母鳥の卵巣で、卵黄（黄身）がつくられます。そして、卵巣から放出されて卵管に入り、移動していく間に、卵黄に卵白（白身）が付着します。さらに、周囲に卵殻膜という白くて薄い膜がつくられ、卵殻膜に炭酸カルシウムがくっついて卵殻ができ、卵がつくられます。

　生まれてきた卵は、一番外側は炭酸カルシウムを主成分とする厚い卵殻に覆われ、その下には繊維状のたんぱく質でつくられた薄い卵殻膜があり、卵白と卵黄を包んで保護しています。卵殻には無数の穴が開いており、この穴を通して呼吸や水分の調節を行います。

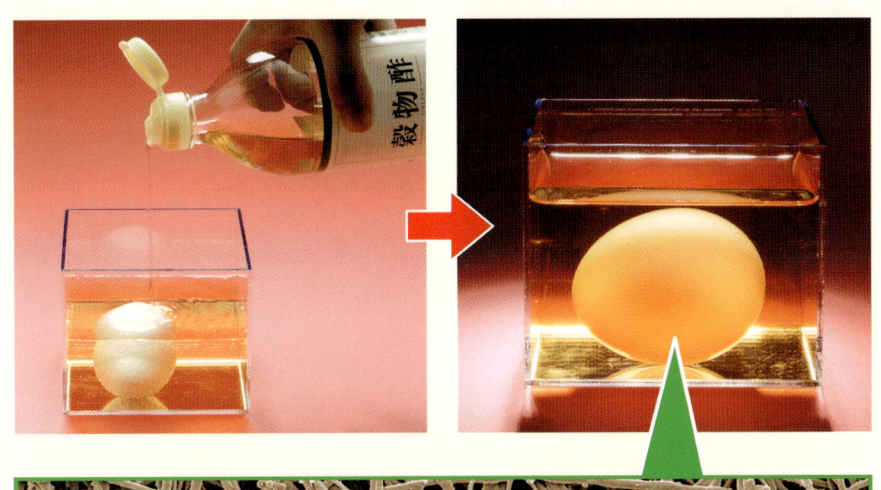

第2章 動物のふしぎ

食酢に卵を2〜3日漬けておくと、炭酸カルシウムでできた卵殻だけが溶けて、下の卵殻膜が残り、中が透けて見えます。卵殻膜は、水や空気を通します。

卵殻膜は繊維状のたんぱく質が重なり合ってできており、拡大して見ると、網目のようになっているのがわかります。この繊維状のつくりは、細菌の侵入を防ぐマスクのような働きをします。

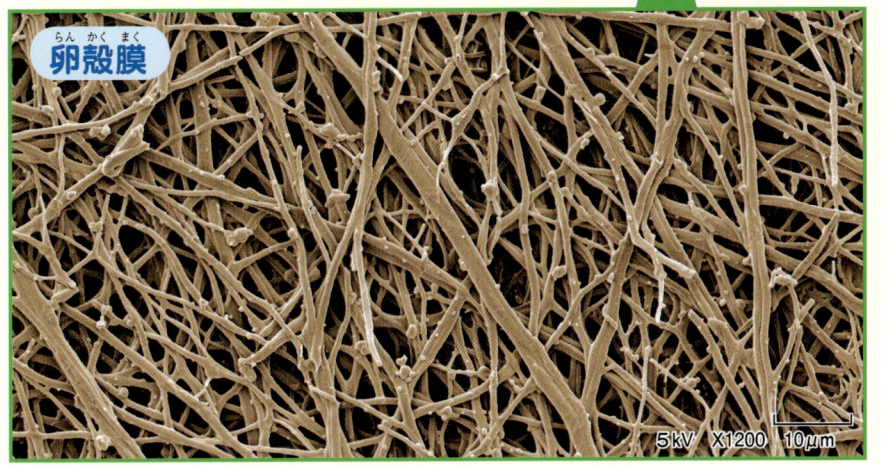

卵を食酢につけて残った卵殻膜。拡大すると網目状になっています。

ウミガメの卵は？

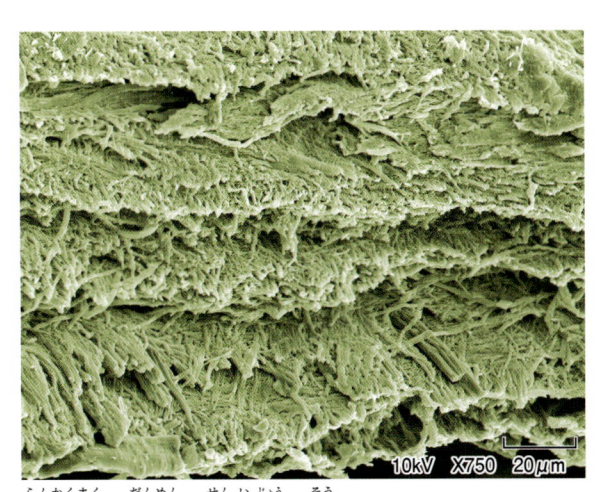

ニワトリの卵が厚い卵殻で覆われて硬いのに対し、ウミガメの卵は軟らかいつくりです。拡大して見てみると、ウミガメの卵殻膜はたくさんの層が重なっているのがわかります。

このつくりは、産卵時の落下の衝撃や砂をかけた重みを吸収する、あるいは温度環境を知るなどの利点があると考えられます。

卵殻膜の断面。繊維状の層がたくさんあります。

47

輝く色のひみつ

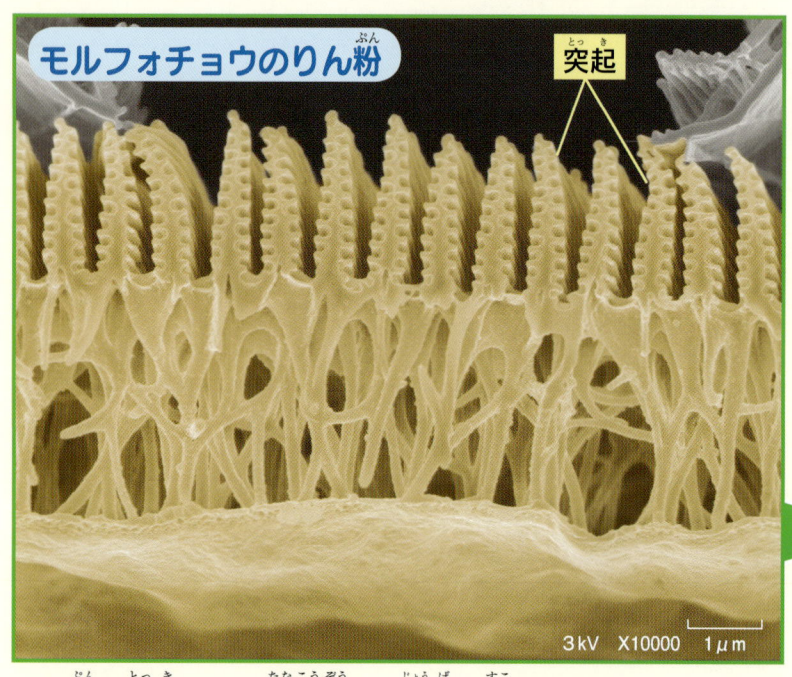

モルフォチョウのりん粉 突起

りん粉の突起にある棚構造は、上下に少しずつずれています。

アワビの殻

アワビの殻は薄い膜が何層にも重なっています。

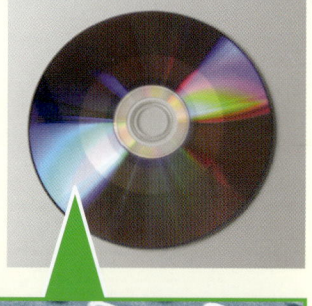

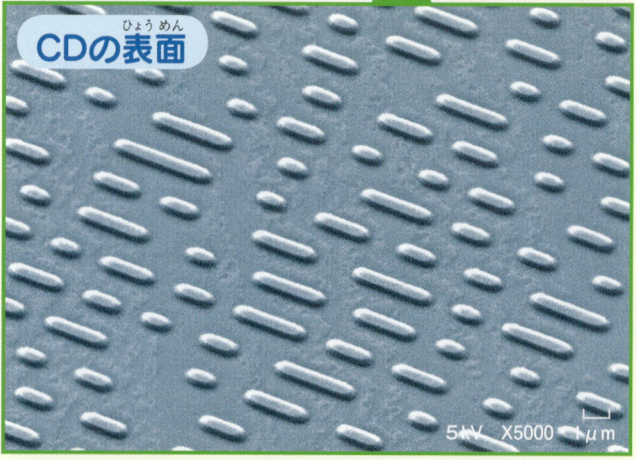

CDの表面

CDの表面には細かい凹凸があります。

モルフォチョウの羽やアワビの殻、CDは、見る角度により色が変わります。これはそれ自体の色ではなく、細かい溝や凹凸などに光が反射して干渉を起こすため、色が変化して見える「構造色」という仕組みです。

第3章
身近な物の変化

左上：冷蔵庫で析出させた食塩　中央下：カッターナイフのさび　右上：乳酸菌

食塩が水に溶ける

溶けて見えなくなる食塩

　私たちの身近にある食塩は、「塩化ナトリウム」という物質です。通常、食塩の結晶は立方体の形をしています。

　さて、この食塩を水に入れてかき混ぜるとどうなるのでしょうか。水に入れた食塩はすぐには溶けず、ビーカーの底に沈殿します。ガラス棒でかき混ぜてみましょう。すると、食塩は見えなくなってしまいました。水に溶けて見えなくなった食塩は、なくなってしまったのでしょうか？

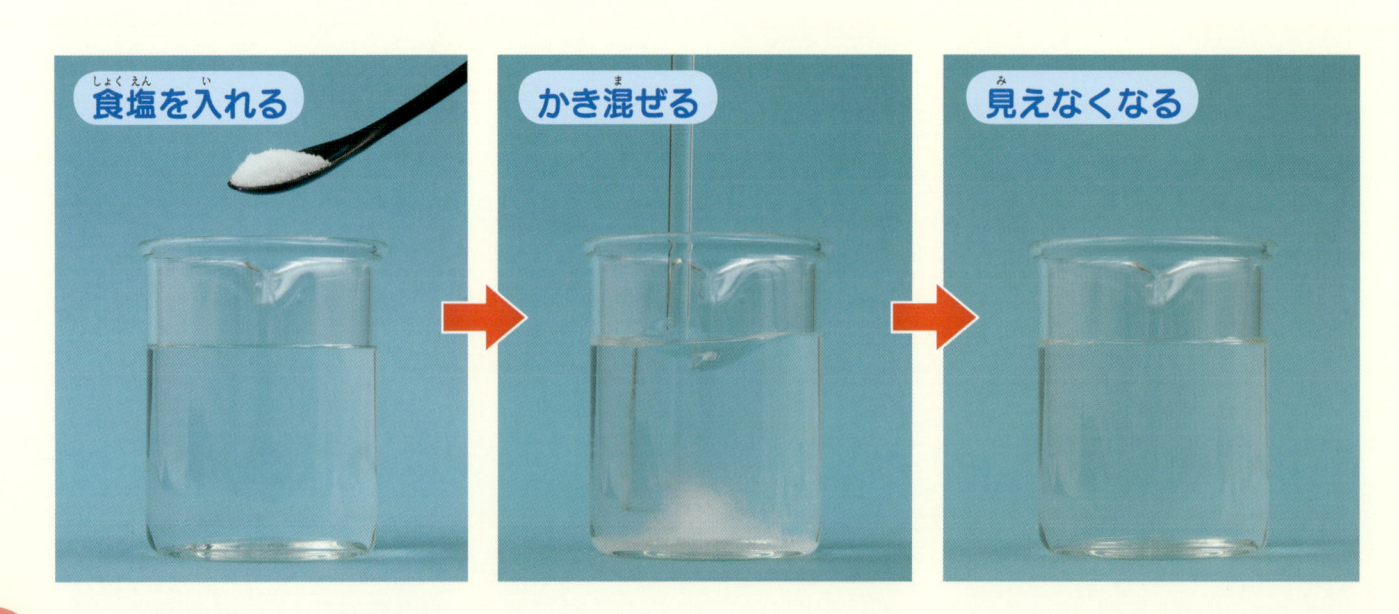

第3章 身近な物の変化

🔍 溶けた食塩はどうなったの？

実験で確かめてみましょう。食塩水を1滴、スライドガラスにのせて乾燥させると、白い粒状の結晶が残りました。これは、食塩水の水だけが蒸発したため、溶けていた食塩が残って結晶となって出てきたのです。

つまり、水に溶けた食塩は、なくなったのではなく、食塩水の水が蒸発すると、再び結晶として出てくるということがわかりました。

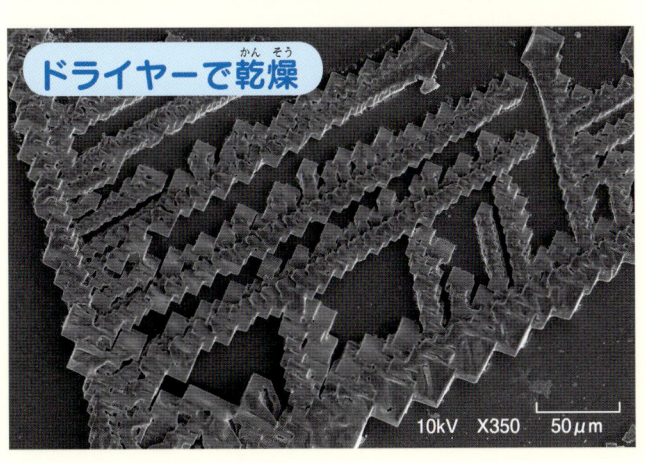

室温で乾燥

冷蔵庫で乾燥

ドライヤーで乾燥

食塩水の水を蒸発させるときの温度を変えると、出てくる結晶はどう違うのでしょうか？「室温」「冷蔵庫」「ドライヤーの温風を当てる」の3つの条件で比べました。
出てきた結晶は、それぞれ形や大きさが異なっていました。低い温度でゆっくり水を蒸発させた方が、結晶は大きくなります。

51

書く・コピーする

🔍 シャープペンシルで書いた文字

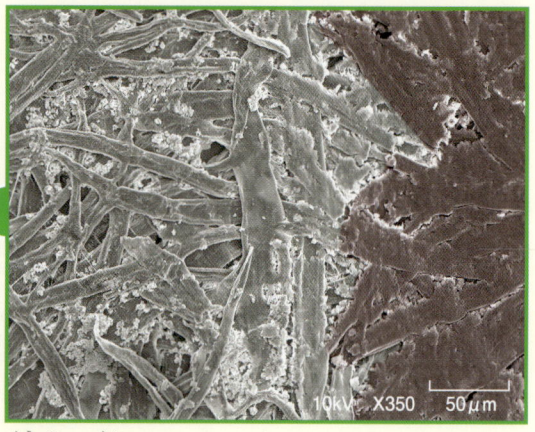

新しい芯

使用後の芯

紙に書いた文字

新しい芯の断面は波のようになっていますが、使用後は平らになっています。

　シャープペンシルの芯は、黒鉛と樹脂をよく練り合わせ、高温で焼き上げています。そのため、芯全体が炭となり、強度が高くて細く、なめらかにでき上がります。芯を拡大して見ると、黒鉛と炭化した樹脂が層状になって折り重なっています。

　シャープペンシルで紙に文字を書くと、黒鉛と樹脂が紙の繊維のすき間を埋めるように塗りつけられています。一方、書いた後の芯の表面は、削られたように平らになっているのがわかります。

第3章 身近な物の変化

🔍 コピーした文字

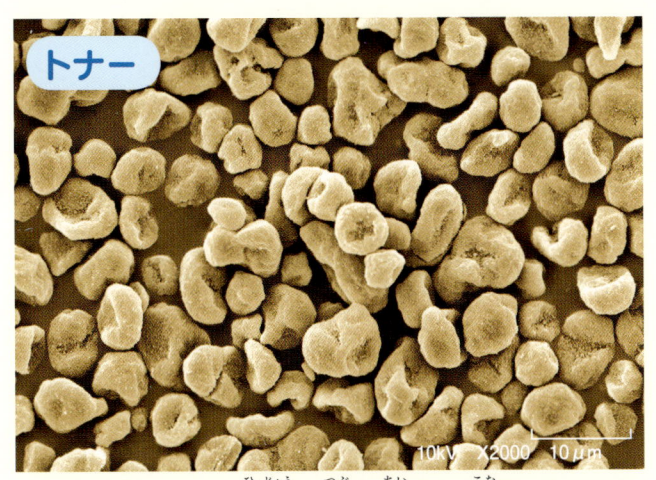

トナー

トナーは、非常に粒の小さい粉です。

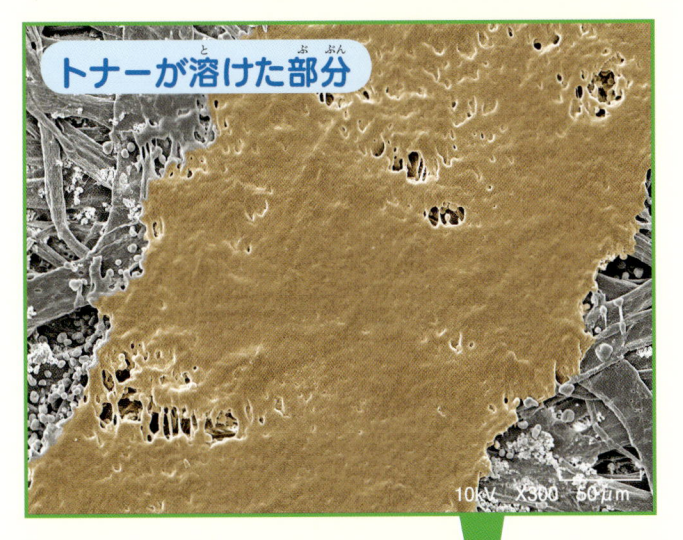

トナーが溶けた部分

コピーした文字

文字がかすれた部分

コピーした文字を拡大すると、トナーが溶けている部分と溶けきれていない部分があります。

複写機で紙にコピーするためには、インクの役割をするトナーが必要です。トナーは、小さな粒からできています。

複写機で文字や絵の形にトナーを写しとり、紙の上に定着させることで、文字や絵をコピーすることができます。紙に写しとったトナーを紙に定着させるには、熱を加えて溶かし、紙の繊維にしっかり絡みつかせる必要があります。

コピーした文字を電子顕微鏡で拡大して見ると、コピーされた部分は溶けたトナーがしっかりついています。時折、文字がかすれていることがありますが、この部分を拡大して見ると、トナーが完全に溶けていないのがわかります。

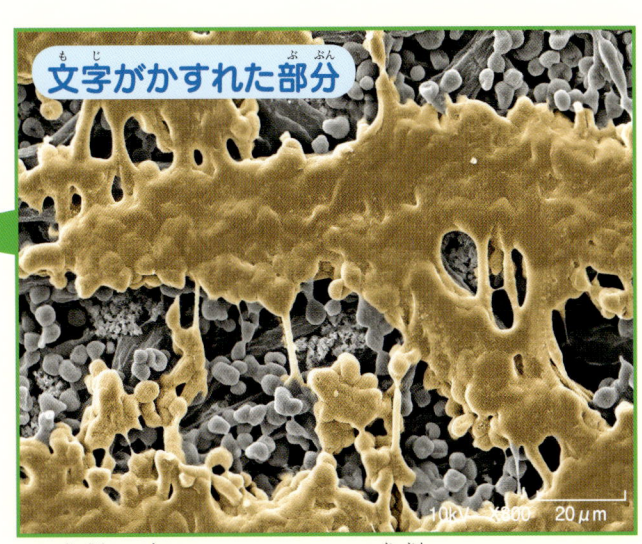

53

発酵させてつくる食品

🔍 大豆が納豆やみそになる

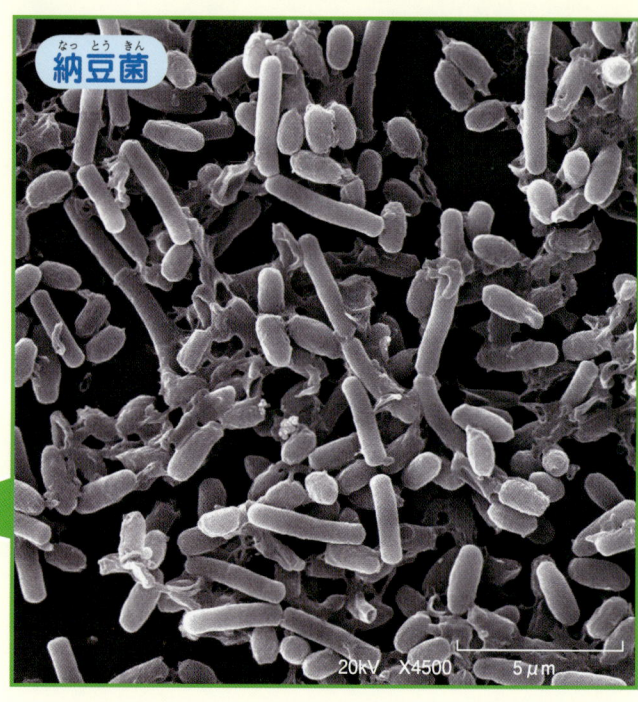

大豆

みそ　納豆

納豆菌

こうじ菌

ダイズはマメ科の植物で、「大豆」として食べられている部分は種子に当たります。大豆は豊富なたんぱく質を含み、脂肪や鉄分、カルシウムなども含まれることから、栄養価の高い食品として扱われています。

納豆菌やこうじ菌などの微生物の働きにより、大豆のでんぷんやたんぱく質などが分解されます。この働きを「発酵」といいます。発酵を利用して、昔から納豆やみそなどがつくられてきました。発酵させることには、元の大豆にうま味や風味が加わったり、長持ちしたりするなどの利点があります。

第3章 身近な物の変化

🔍 小麦粉がパンになる

小麦粉
パン
酵母菌

　小麦粉、塩、水、酵母菌を混ぜた生地を練り合わせ、適度な温度に置くと、酵母菌は生地の中の糖を分解して二酸化炭素とアルコールをつくります。これを「アルコール発酵」といいます。二酸化炭素が集まって気泡となるため、パンはふくらみます。

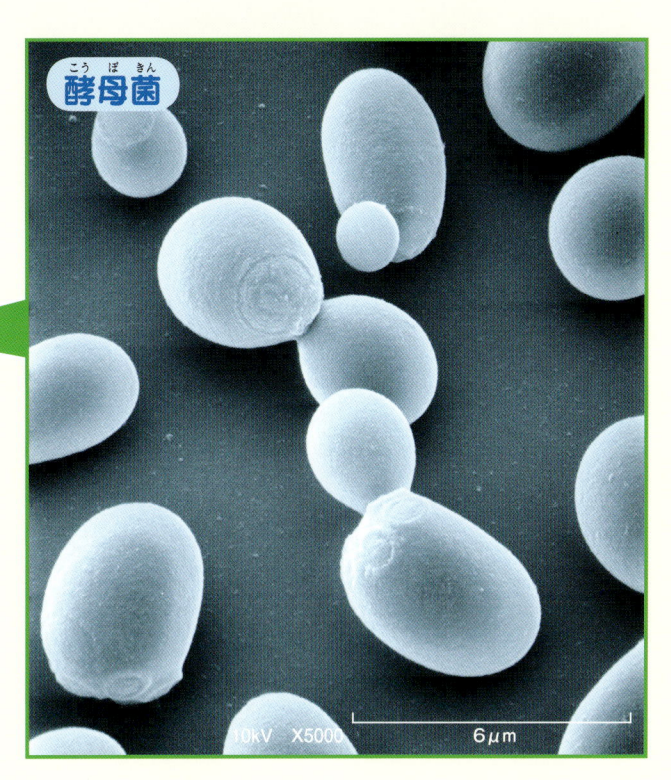

🔍 牛乳からヨーグルトをつくる

牛乳
ヨーグルト
乳酸菌

　乳酸菌は、糖を分解して乳酸をつくります。これを「乳酸発酵」といいます。ヨーグルトは、牛乳に乳酸菌を混ぜて乳酸発酵させた食品です。牛乳よりも消化・吸収されやすく、長持ちするので、昔から食べられています。

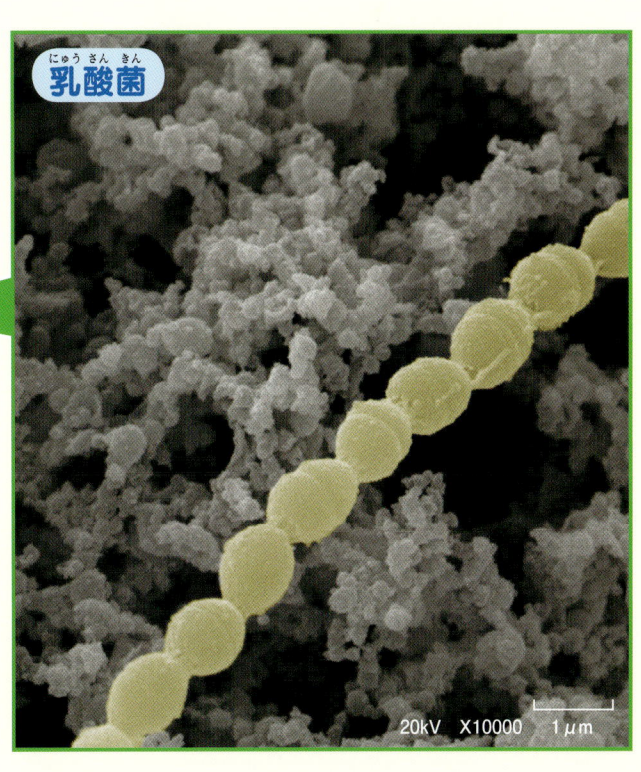

55

「さびる」って？

鉄を湿気のある空気中に長く置いておくと、赤さびを生じ、ボロボロになってしまいます。さびは、金属が空気中の酸素や水と反応して酸化してできたものです。これを「酸化鉄」といいます。鉄だけではなく、銅やアルミニウムも酸化してさびを生じます。また、鉄には赤さびや黒さびといった異なる種類のさびがあります。

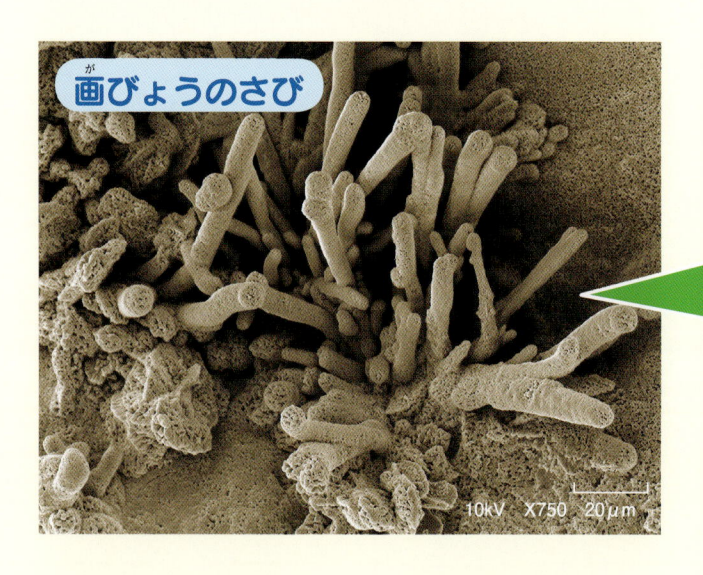

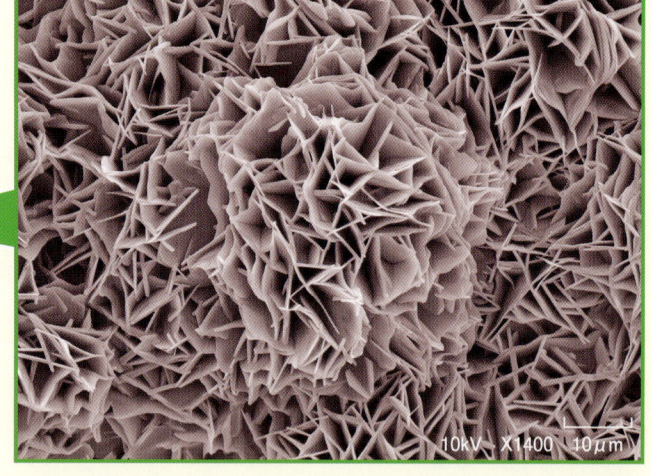

信号機の表面に見られるさび。

画びょうのさび

カッターナイフのさび

金属製の画びょうのさびを電子顕微鏡で観察すると、さびて出た酸化金属の結晶が、花びらのような形に集まっています。

また、カッターナイフの刃にできたさびを電子顕微鏡で観察すると、さびて出た酸化金属結晶には、大きさの異なる2種類の結晶の集まりが観察されます。

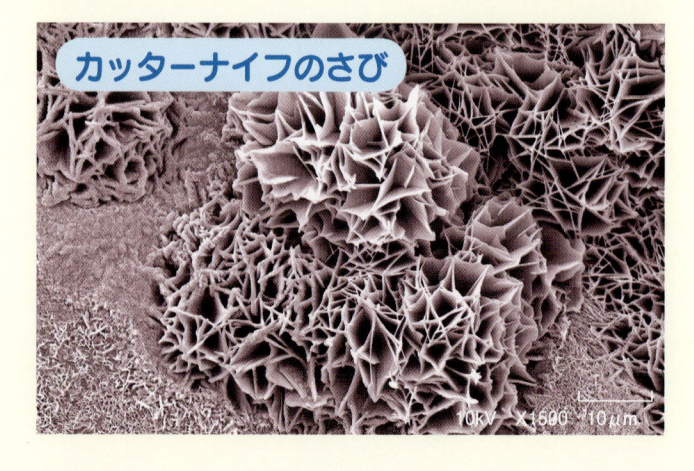

付録
飛び出す電子顕微鏡写真

左下：カボチャの花粉、右上：クロアリの頭部

3Dメガネのつくり方

> **用意するもの**
> 画用紙、色セロハン（赤、青）、はさみ、カッターナイフ、スティックのり

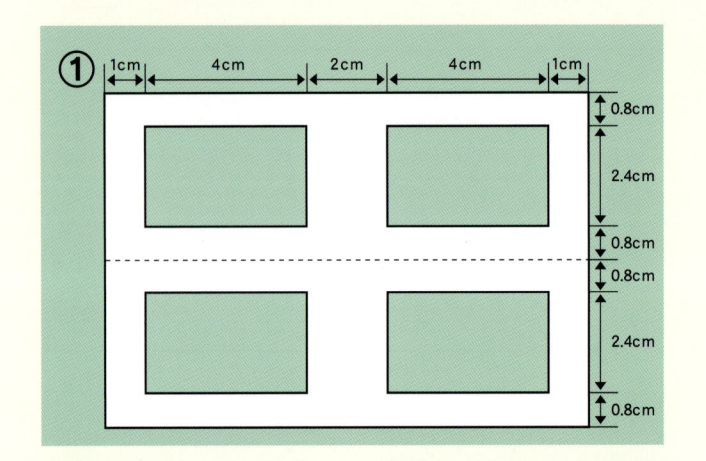

縦8cm、横12cmの大きさに画用紙を切り、中心に折り目をつけておきます。図の位置にカッターナイフで穴を開け、枠をつくります。

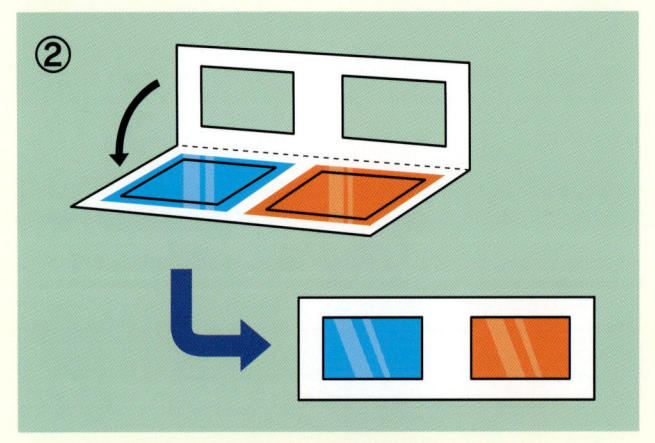

赤と青のセロハンを縦3cm、横5cmの大きさに切ります。枠の2つの穴の周り5mm程度にのりをつけ、セロハンを貼ります。その後、枠にのりをつけ、折り目でたたんで貼れば、3Dメガネの完成です。

右側が青、左側が赤となるようにしてメガネを目の前に持ち、電子顕微鏡写真を見てみましょう。写真が立体的に見えます。あまり長時間見ていると目が疲れるので、連続して見ないように注意しましょう。

付録

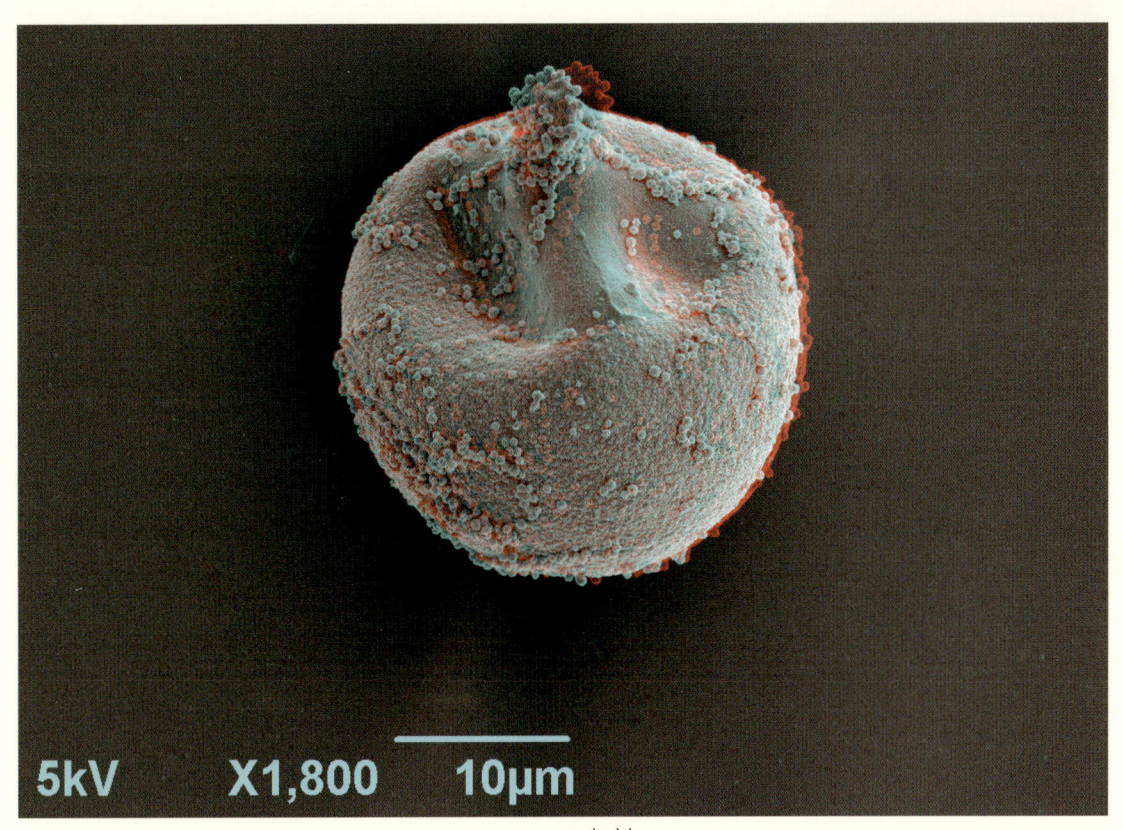

5kV　X1,800　10μm

スギの花粉

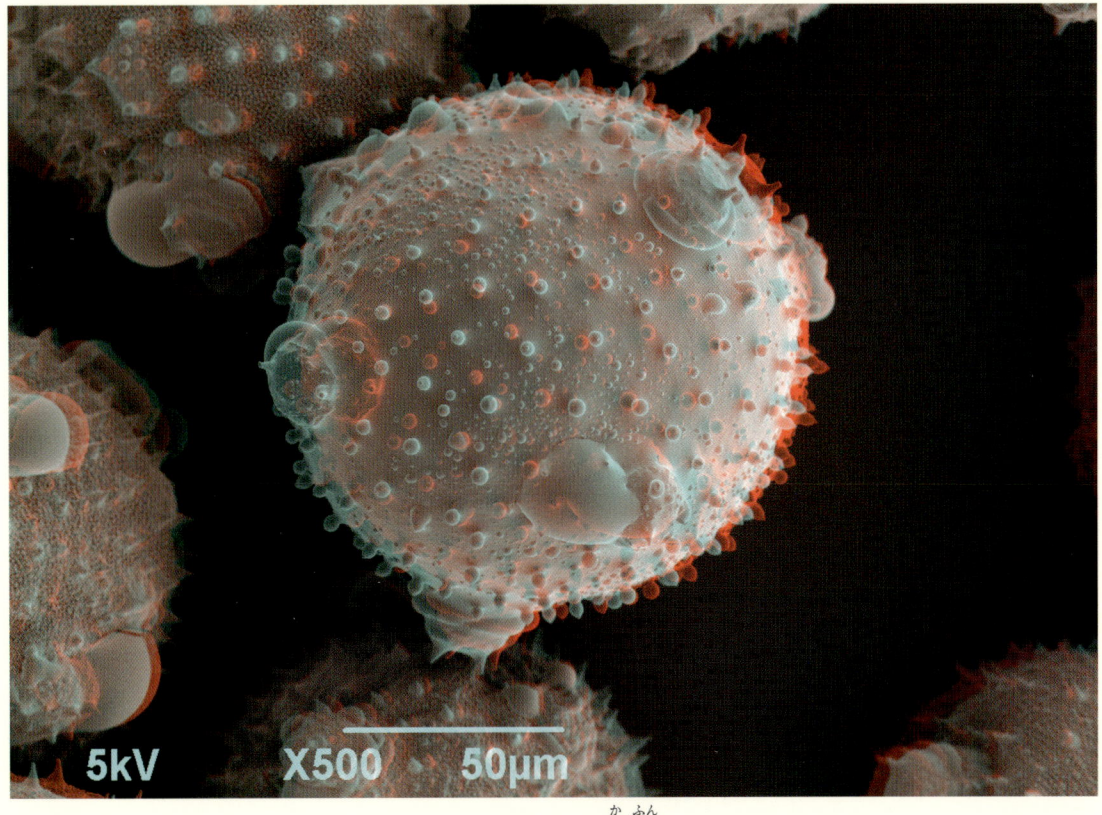

5kV　X500　50μm

カボチャの花粉

10kV　X1,400　10μm

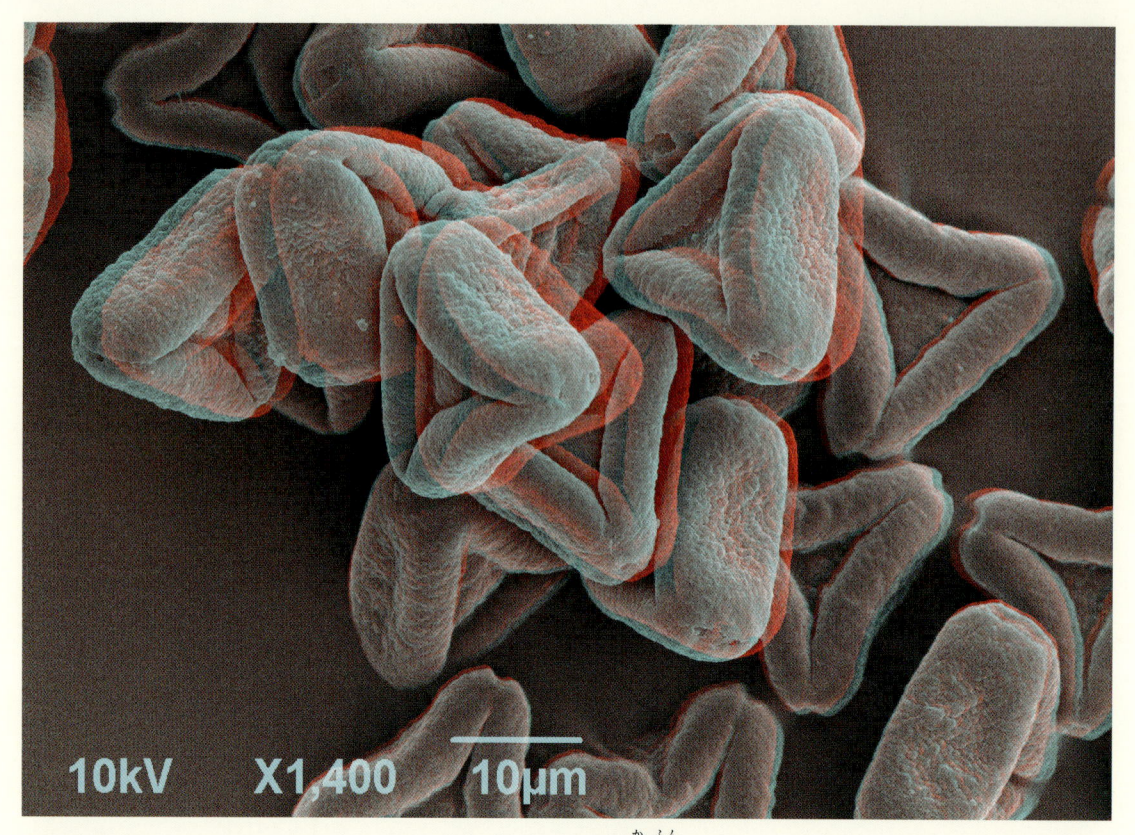

ブラシノキの花粉

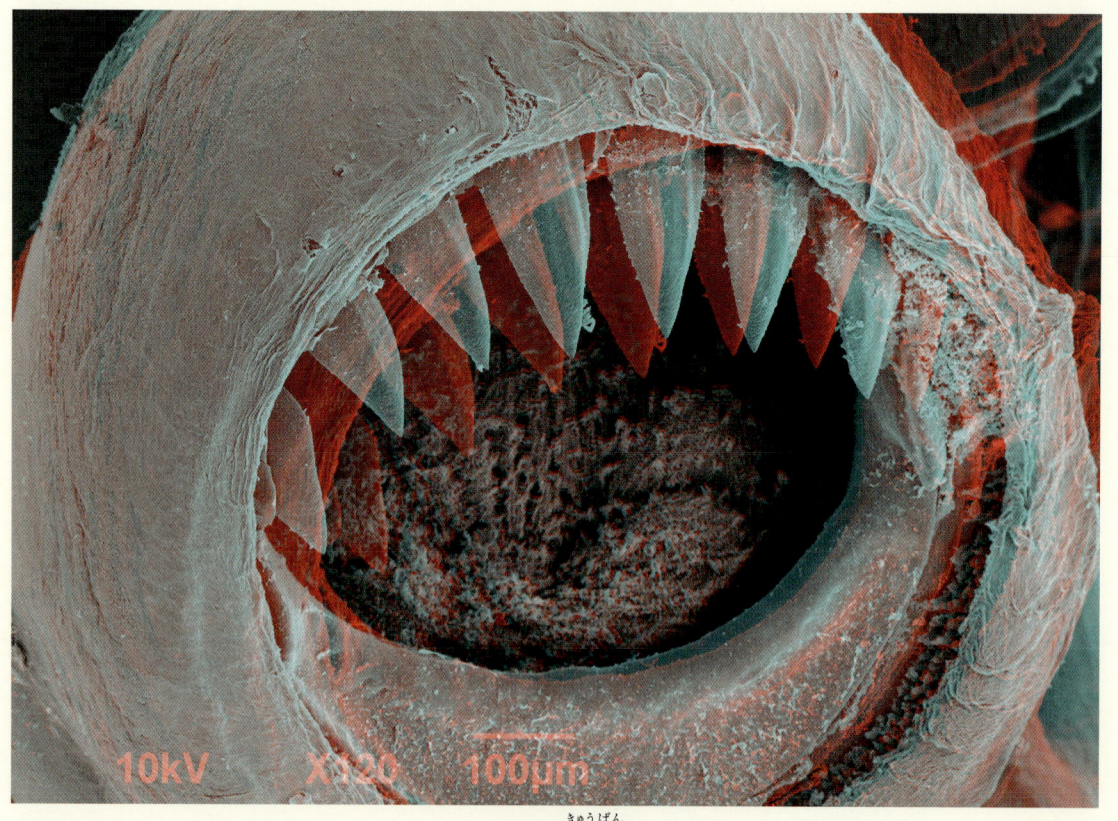

10kV　X120　100μm

イカの吸盤

付録

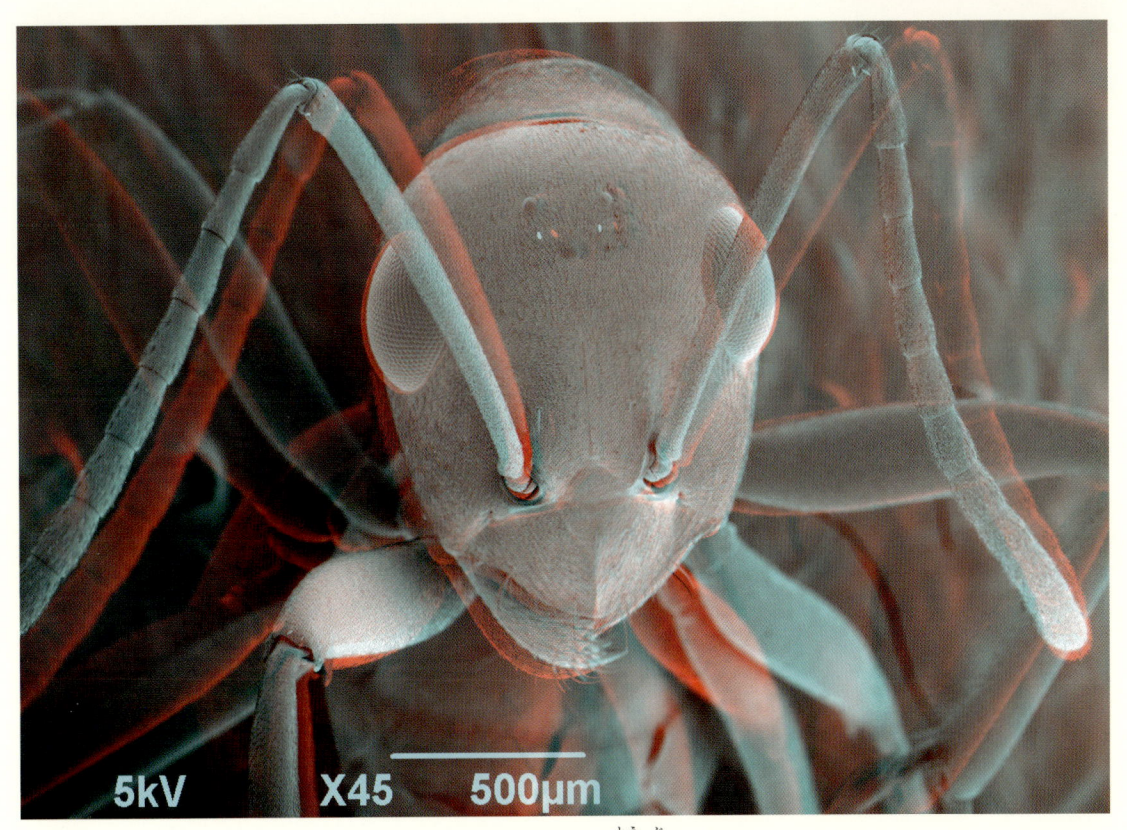

5kV　X45　500μm

クロアリの頭部

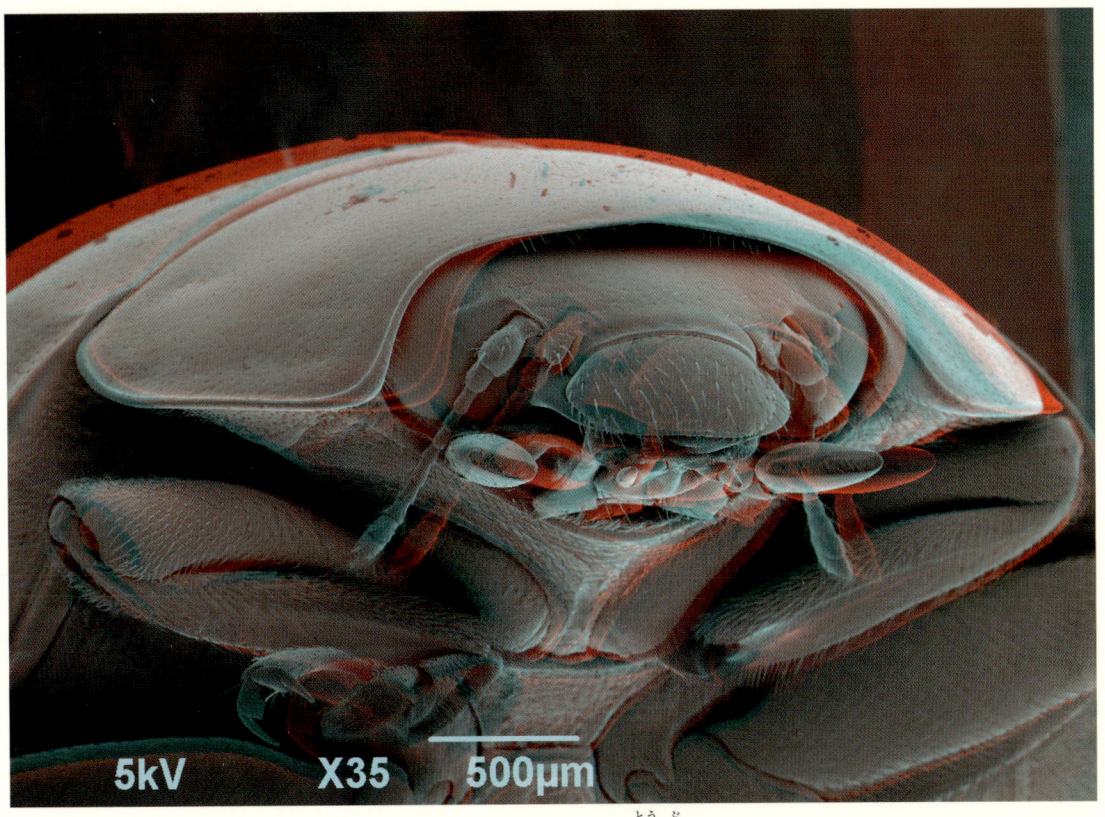

5kV　X35　500μm

テントウムシの頭部

61

さくいん

【ア行】
- 赤さび······56
- アカマツ······14
- アゲハチョウ······33
- アブラゼミ······33
- アメリカザリガニ······29
- アメンボ······35,37
- アリ······7,35,36
- アルコール発酵······55
- アルミニウム······56
- アワビ······37,48
- 胃······42
- 胃液······42
- イカ······37
- 維管束······11,20,21
- イチョウ······14
- イヌ······40
- イネ······14,16,23
- 羽枝······32
- 羽軸······32
- ウマ······40
- ウミガメ······47
- 羽毛······32
- うろこ······41
- 塩化ナトリウム······50
- おしべ······10
- 雄花······14,16,17

【カ行】
- カ······39
- カイコ······39
- 外骨格······35
- 外耳······30
- 顔······45
- かかと······41
- 蝸牛······30
- 風切羽······32
- 可視光······4
- 果実······10
- 加速電圧······8
- 花粉······7,10,14,15,16,17,24,26
- 花粉管······10,14,16
- 花粉症······17
- 花弁······10,12,13
- カボチャ······23
- ガマ······12
- 感覚毛······30,35
- 観察条件······8
- 干渉······48
- 関節······35
- 冠毛······12,13
- 気管······43
- 気管支······43
- 気孔······11,18,19
- 気のう······14,38
- 気門······39
- 牛乳······55
- キョウチクトウ······19
- 茎······10,11,20,21,22,24
- 口······26
- クマ······40
- グミ······19
- クモ······29
- 黒さび······56
- クロマツ······14
- 毛······19,26,30,34,35,40
- 結晶······46,50,51,56
- ケヤキ······20
- 顕微鏡······4
- 光学顕微鏡······4,6,7
- 光合成······18,22
- こうじ菌······54
- 構造色······48
- 孔辺細胞······18
- 酵母菌······55
- 呼吸······38,39,43
- 呼吸管······39
- 呼吸器······38
- 黒鉛······52
- コピー······53
- 鼓膜······30
- 小麦粉······55
- 昆虫······10,31,35,36,37

【サ行】
- 細胞······30,41,43,44
- サクラ······10,18
- サザエ······37
- 撮影倍率······8
- サツマイモ······22,23
- サメ······41
- ザリガニ······29
- 酸化······56
- 酸化鉄······56
- 酸素······11,18,38,43,56
- CD······48
- 師管······11,20,21,22
- 子宮······44
- シジミチョウ······8
- 歯舌······37
- シダ植物······24
- 子房······10,12,13
- シャープペンシル······52
- ジャガイモ······22
- 集合花······12
- 十二指腸······42
- じゅう毛······42
- 種子······10,12,13,24,54
- 樹脂······52
- 種子植物······10
- 受精······10,16,44,45
- 受精卵······44
- 出産······44
- 受粉······10,16
- 小羽枝······32
- 小花······12
- 消化······42
- 蒸散······18
- ショウジョウバエ······28,31
- 小腸······42
- 焦点深度······6,7
- 蒸発······51
- 女王蜂······26
- 食塩······50,51
- 触角······26,27,31
- ジョンストン器官······31
- シラカバ······17
- 試料······4,6,7,8

芯……………………………………52	内耳……………………………………30	分子間力………………………………34
真皮……………………………………41	ナス……………………………………19	へその緒………………………………44
ジンベエザメ…………………………41	納豆……………………………………54	胞子……………………………………24
スイセン………………………………19	納豆菌…………………………………54	胞子のう………………………………24
スギ………………………………14,17	ナノハナ………………………………15	ホウセンカ……………………………15
スギナ…………………………………24	二酸化炭素……………11,18,43,55	ボウフラ………………………………39
スケールバー……………………………8	乳酸菌…………………………………55	哺乳動物………………………………44
ススキ……………………………14,16	乳酸発酵………………………………55	【マ行】
スズムシ………………………………31	ニワトリ…………………7,38,46,47	マウス………………………30,42,44,45
スミレ…………………………………15	根………………10,11,18,20,21,22,23,24	前足………………………………27,31,45
精子……………………………………44	ネコ……………………………………40	マツ………………………………7,14,19
セミ……………………………………33	年輪………………………………11,20	実………………………………………16
ゼンマイ………………………………24	【ハ行】	みそ……………………………………54
走査電子顕微鏡………………4,6,7,8	葉……………………10,11,18,19,24	蜜……………………………10,15,26,37
ソテツ…………………………………14	肺…………………………………38,43	ミツバチ……………………26,27,31,37
【タ行】	胚珠………………………………14,15	ムギ……………………………………14
胎児………………………………44,45	肺胞……………………………………43	目………………………………………28
ダイズ…………………………………54	ハエ………………………………28,36	めしべ……………………………10,16
大腸……………………………………42	ハエトリグモ…………………………29	雌花………………………………14,16
胎盤……………………………………44	ハス……………………………………23	綿羽……………………………………32
タケ……………………………………20	働き蜂…………………………………26	毛細血管……………………………38,43
卵（たまご）………………………46,47	ハチ………………………………15,36,39	毛小皮…………………………………40
単眼………………………………26,28,29	波長………………………………………4	モルフォチョウ………………………48
炭酸カルシウム……………………46,47	発芽孔……………………………14,15,16	【ヤ行】
単子葉植物……………………………19	発酵……………………………………54	ヤガ……………………………………31
たんぱく質…………………40,46,47,54	発生……………………………………44	やく……………………………………10
タンポポ…………………………12,13,15	バッタ………………………………31,36,39	ヤモリ…………………………………34
地下茎……………………………22,23	ハト……………………………………32	有毛細胞………………………………30
着床……………………………………44	花…………………………………10,24	ヨウ素液………………………………22
中耳……………………………………30	羽…………………………………27,33	養分………………………………11,21,22,23
柱頭……………………………………10	針……………………………………27	葉脈……………………………………11
虫媒花……………………………10,15	パン……………………………………55	葉緑体…………………………………11
チョウ……………………………15,33	ビーバー………………………………40	ヨーグルト……………………………55
聴覚器……………………………30,31	皮下組織………………………………41	ヨシ……………………………………12
ツクシ…………………………………24	被子植物………………………………15	ヨモギ………………………………17,19
鉄………………………………………56	微生物…………………………………54	【ラ行】
電子………………………………4,6,8	ひだ……………………………………42	裸子植物………………………………14
電子顕微鏡……………4,6,8,20,53,56	ヒト……………………7,30,38,41,44	卵（らん）……………………………44
電子線………………………………6,8	ヒノキ………………………………14,17	卵黄……………………………………46
でんぷん……………………11,18,22,23,54	皮膚…………………………………40,41	卵殻………………………………46,47
糖………………………………………55	ヒマワリ………………………………15	卵殻膜……………………………46,47
透過電子顕微鏡…………………………4	ヒヤシンス……………………………21	卵管………………………………44,46
道管…………………………………11,20,21	表皮……………………………………41	卵巣……………………………………46
トウモロコシ……………………14,16	風媒花………………………………14,17	卵白……………………………………46
トナー…………………………………53	複眼………………………………26,28,29	りん粉………………………………8,33,48
鳥…………………………………32,38	ブタクサ………………………………17	レンコン………………………………23
【ナ行】	ブラシノキ……………………………15	

近藤 俊三（こんどう しゅんぞう）
日本電子株式会社 技術顧問

1972年、北里衛生科学専門学院卒業。東京大学にて博士号（獣医学）を取得。2003年まで、三菱化学生命科学研究所にて、技術統括ならびに微細形態解析室の管理運営業務に携わるかたわら、マウスの発生を電子顕微鏡を用いて時系列的に解析する研究を行う。日本電子顕微鏡学会技術功労賞および論文賞受賞。現在は、日本電子株式会社で技術顧問を務める一方、東京都昭島市近隣および宮城県石巻市の小学校などにて、電子顕微鏡を用いた同社の理科支援出前授業も続けている。

著　書　『走査電顕アトラス　マウスの発生』（岩波書店）
　　　　ほか、共著多数

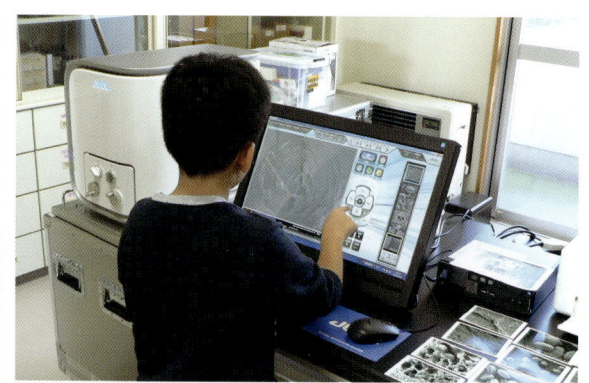

小学校で行われた理科支援出前授業の様子。

探検！発見！ミクロのふしぎ
電子顕微鏡で見る1／1000mmの世界

2013年2月1日　初版第1刷発行

著　者　近藤　俊三
発行人　松本　恒
発行所　株式会社　少年写真新聞社
　　　　〒102-8232　東京都千代田区九段南4-7-16 市ヶ谷KTビルⅠ
　　　　TEL 03-3264-2624　FAX 03-5276-7785
　　　　URL http://www.schoolpress.co.jp/
印刷所　凸版印刷株式会社
　　　　©Shunzo Kondo, JEOL Ltd. 2013 Printed in Japan
　　　　ISBN978-4-87981-452-4 C8645
　　　　NDC460

スタッフ　編集：加藤智子　DTP：服部智也、横山昇用、木村麻紀、金子恵美　校正：石井理抄子　表紙・イラスト：中村光宏　編集長：野本雅央

本書を無断で複写・複製・転載・デジタルデータ化することを禁じます。
乱丁・落丁本はお取り替えいたします。定価はカバーに表示してあります。